PRAGAS, AGROTÓXICOS E A CRISE AMBIENTE:
Problemas e soluções

ADILSON D. PASCHOAL

PRAGAS, AGROTÓXICOS E A CRISE AMBIENTE:
Problemas e soluções

Adilson D. Paschoal, Ph.D.
Professor Titular da USP
Professor Sênior do Departamento de Entomologia
e Acarologia da Escola Superior de Agricultura
"Luiz de Queiroz"

1ª edição

EXPRESSÃO POPULAR

São Paulo • 2019

Copyright © 2019, by Editora Expressão Popular
Primeira publicação: *Pragas, praguicidas e a crise ambiental*. Problemas e soluções. Rio de Janeiro: Ed. Fundação Getulio Vargas, 1979

Projeto gráfico e diagramação: *ZAP Design*
Revisão: *Nilton Viana e Dulcineia Pavan*
Imagem da capa: *Floresta virgem de Mangaratiba na província do Rio de Janeiro. Johann Moritz Rugendas, 1827-1835*

Dados Internacionais de Catalogação-na-Publicação (CIP)

P279p   Paschoal, Adilson D.
    Pragas, agrotóxicos e a crise ambiente: problemas e soluções / Adilson Dias Paschoal.—1. ed. --São Paulo : Expressão Popular, 2019.
    181 p. : tabs., il.

    ISBN 978-85-7743-371-1

    1. Pesticidas. 2. Produtos químicos agrícolas. 3. Agrotóxicos e meio ambiente. 4. Pragas – Manejo. 5. Pragas – Controle químico. I. Título.

    CDU 632.95

Catalogação na Publicação: Eliane M. S. Jovanovich - CRB 9/1250

Todos os direitos reservados.
Nenhuma parte deste livro pode ser utilizada ou reproduzida sem a autorização da editora.

1ª edição: novembro de 2019
1ª reimpressão: Setembro de 2023

EXPRESSÃO POPULAR
Alameda Nothmann, 806
Sala 06 e 08, térreo, complemento 816
01216-001 – Campos Elíseos – SP
livraria@expressaopopular.com.br
www.expressaopopular.com.br
🅵 ed.expressaopopular
◉ editoraexpressaopopular

SUMÁRIO

NOTA DO AUTOR 7
PRÊMIO IPÊS DE ECOLOGIA 9
DEDICATÓRIA 13
PREFÁCIO 15
Walter Lazzarini
APRESENTAÇÃO 19
Virgínia Mendonça Knabben
RESUMO 27
INTRODUÇÃO 31
EQUILÍBRIOS E DESEQUILÍBRIOS DA NATUREZA 41
   Ecossistemas naturais 43
   Agroecossistemas 45
ORIGENS DE PRAGAS 53
   Agricultura e origem de pragas 55
   Comércio e origem de pragas 66
   Agrotóxicos e origem de pragas 71
   Evolução e origem de pragas 82
AGROTÓXICOS E O AMBIENTE 83
   Histórico do uso dos agrotóxicos 83
   Terminologia 85
   Classificação dos agrotóxicos 87
   Impacto ecológico dos agrotóxicos no ambiente 91

SÃO OS AGROTÓXICOS NECESSÁRIOS? 121
    Necessidade para a agricultura 122
    Necessidade para a saúde pública 128
    Planejamento de novos agrotóxicos 133

MANEJO INTEGRADO DE PRAGAS 139
    Controle químico x manejo integrado 141
    Estratégias do manejo integrado 144

AGROTÓXICOS NO BRASIL 147
    Produtos usados no Brasil 147
    Volume de agrotóxicos no Brasil 150
    Impacto dos agrotóxicos no Brasil 154
    Agrotóxicos e número de pragas 156
    Recomendações para o uso dos agrotóxicos no Brasil 163

REFERÊNCIAS BIBLIOGRÁFICAS 173

NOTA DO AUTOR

No trabalho original, edição de 1979, publicado pela Editora da Fundação Getulio Vargas, a terminologia utilizada por mim, no trabalho que escrevi naquela ocasião, era "praguicida": *Pragas, praguicidas e a crise ambiental. Problemas e soluções.* Foi devido à grande aceitação que teve o vocábulo "agrotóxico" no nosso país e alhures, termo por mim sugerido pela primeira vez neste livro, que resolvi utilizá-lo nesta edição comemorativa. Pela mesma razão, e por coerência, também substituí a palavra praguicida por agrotóxico no parecer dos insignes membros do Conselho de Administração do Fundo Ipê. O vocábulo "ambiental" substitui-o por "ambiente", por ser este o correto, "ambiente" sendo adjetivo (música ambiente, som ambiente, temperatura ambiente, crise ambiente) antes de ser usado como substantivo (o ambiente); "ambiental" provém do termo inglês *"environmental"*, incorretamente traduzido com a terminação "al".

Nas notas de rodapé, atualizei os dados do texto, o que possibilita, ao leitor, poder comparar o que eu propunha na época com o que foi conseguido na atualidade, principalmente no que toca ao banimento dos organoclorados; à implantação das legislações federal e dos estados; ao registro dos agrotóxicos em três instituições públicas, ligadas à agricultura, à saúde e ao ambiente; à implantação do manejo integrado de pragas e outras mais, que serviram para disciplinar o uso dos agrotóxicos em nosso país e o surgimento, em meados dos anos 70 do século XX, da consciência ecológica nacional e da Agroecologia, bases seguras do que viria a ser, logo depois, a agricultura orgânica.

O autor, 2019.

PRÊMIO IPÊS DE ECOLOGIA

O Prêmio Ipês (Instituto de Pesquisas e Estudos Sociais) foi instituído pelo Conselho de Administração do Fundo Ipês da Fundação Getulio Vargas, com a finalidade de distinguir os melhores trabalhos inéditos sobre a ecologia brasileira, sua proteção e recuperação. Para a concessão desse prêmio, realizou-se, em 1977, o primeiro Concurso de Monografias, de âmbito nacional.

A Comissão Julgadora estava constituída pelos seguintes membros: presidente, Glycon de Paiva, geólogo, economista; Luiz Emygdio de Mello Filho, diretor do Museu Nacional; David Felinto Cavalcanti, da Secretaria Especial do Meio Ambiente; Wanderbilt Duarte de Barros, do Instituto Brasileiro de Desenvolvimento Florestal; José E. Veiga, escritor.

O presente trabalho, de autoria do doutor Adilson Dias Paschoal, obteve o primeiro prêmio, entre as 36 monografias apresentadas, de acordo com o parecer da Comissão Julgadora, homologado pelo Conselho de Administração do Fundo Ipês, a seguir transcrito.

Pragas, agrotóxicos e a crise ambiente: problemas e soluções.
Escreveu um volume sob o título acima o doutor Adilson Dias Paschoal, da Escola Superior de Agricultura "Luiz de Queiroz", de Piracicaba, respeitada e antiga faculdade da Universidade de São Paulo.

O espírito do trabalho surge logo na dedicatória que o A. faz aos que empregam agrotóxicos, uma vez que essas substâncias ajudam a livrar o homem da fome e da doença. Também dedica o trabalho aos que não usam agrotóxicos, pois, desse modo, poupam a biosfera de poluir-se com esses ingredientes. O alcance do trabalho do prof. Adilson surge imediatamente dos títulos principais do sumário, a saber: ecossistemas e agroecossistemas; origem das pragas; impacto ecológico dos agrotóxicos sobre o ambiente, ar, solo e água; impacto dos agrotóxicos sobre o homem e sobre os ecossistemas; agrotóxicos no Brasil.

O sentido preciso do trabalho que o prof. da Escola "Luiz de Queiroz" ofereceu ao concurso de monografias aberto pelo Fundo Ipês apresenta-se como sendo: 'Uma tentativa de submeter o uso de agrotóxicos, atual e exclusivamente utilizados sob critérios econômicos, à condição de causarem prejuízo o menor possível aos ecossistemas onde aplicados. Porque esses agrotóxicos, como se sabe, são estáveis na medida da densidade das interações tróficas do ecossistema onde aplicados. Os agroecossistemas, por si mesmos, são muito vulneráveis, porque é pequena neles a densidade da interação trófica. Revestem-se os agroecossistemas com plantas altamente produtivas, de duração efêmera, constituindo, por isso, presa fácil de animais fitófagos, sem oportunidade de serem controlados, no ambiente de artificialidade das plantações econômicas, pelos seus inimigos naturais. Um agrotóxico, salienta o prof. Adilson, não passa de mero e imperfeito substituto do inimigo biológico natural da praga, o qual normalmente inexiste no ambiente dos agroecossistemas.

Esse substituto, que é um elemento agrotóxico, exerce impacto ecológico negativo e pernicioso no ambiente físico e biológico da agricultura. Sob o ponto de vista econômico, cumpre lançar as aplicações em agrotóxicos como custo social antecipado dos alimentos que se propõem produzir no agroecossistema. Esse inconveniente dos agrotóxicos só pode ser atenuado pelo manejo integrado de defensores diferentes, biológicos inclusive, e não exclusivamente pelo emprego de agrotóxicos químicos, como é a tendência principalmente entre nós.

A observação da prática agrícola brasileira evidencia, demonstra o autor, o inesperado fato de que os agrotóxicos acabam por determinar a invasão de novas pragas. Até 1958, anteriormente ao DDT, portanto, agiam no ataque à lavoura brasileira 193 pragas diferentes; já em 1976, contavam-se mais de 400 pragas novas. É que o desequilíbrio biológico determinado pelos agrotóxicos promoveu, à categoria de pragas, animais antes inofensivos.

Esses *findings* levaram o A. a enumerar doze recomendações quanto ao uso de agrotóxicos, que a publicação desse volume ajudará a divulgar, no esforço necessário de deter o perigoso desnível, que aqui se revela existir e aumentar.

É esse o sentido da monografia que recomendamos premiada no grau mais elevado (primeiro lugar).

DEDICATÓRIA

Àqueles que, usando agrotóxicos por julgá-los benéficos, contribuem para livrar o homem da fome e do sofrimento
e
Àqueles que, deixando de usá-los por julgá-los maléficos, contribuem para livrar a biosfera de uma catástrofe geral,
dedico.

PREFÁCIO

Walter Lazzarini[1]

Prefaciar um livro é uma distinção e uma honra. Prefaciar *Pragas, agrotóxicos e a crise ambiente* é, além disso, uma grande responsabilidade, neste caso pela enorme importância do autor e pela absoluta relevância do tema.

Esta é uma edição histórica, comemorativa dos 40 anos da edição única, esgotada em pouco tempo, e, infelizmente, nunca reimpressa. Como tal, traz conceitos, informações, dados e resultados de trabalhos de inúmeros centros de pesquisas do mundo todo, apresentando a situação vigente da década de 1940 até o final da década de 1970, com o suporte de mais de 100 referências bibliográficas.

Este livro é um alerta oportuno e uma diretriz para a produção agrícola ambientalmente adequada. Isto é particularmente importante em razão das excepcionais condições de extensão territorial, de clima e de disponibilidade de mão de obra que o Brasil tem para enfrentar o desafio de atender 40% da demanda de alimentos, de uma população sempre crescente, que em 2050

---

[1] Walter Lazzarini é engenheiro agrônomo e foi secretário da agricultura de São Paulo (1988-1990).

deverá atingir 9,5 bilhões de habitantes, de acordo com a Organização das Nações Unidas (ONU).

O autor, com muita maestria, consegue transformar o texto técnico em uma leitura agradável, apresentando-o de forma didática e atrativa. O leitor tomará conhecimento de temas como a origem e a evolução das pragas que atacam as culturas agrícolas, o histórico do uso dos agrotóxicos, seu impacto no ambiente natural e nos agroecossistemas, o efeito deles nas pragas, no homem e nas plantas, o processo de resistência das pragas ao uso contínuo dos agrotóxicos, o ressurgimento e o desencadeamento secundário do processo.

Ao longo do texto, o leitor vai comprovar a postura eminentemente científica, ponderada, a responsabilidade profissional e a sensibilidade social do professor Adilson Paschoal, que reconhece a importância do uso dos agrotóxicos para o controle de pragas que são vetores de doenças humanas, como malária, febre amarela, tifo, dengue, doença de Chagas, entre tantas outras. Alerta, também, para o fato de que a imediata abolição do uso dos agrotóxicos provocaria enormes perdas agrícolas, que poderiam agravar o problema da fome e da subnutrição no mundo. O autor nos ensina que é necessário aprender a conviver com as pragas face a impossibilidade de sua erradicação. E que os objetivos do controle de pragas visam evitar os danos econômicos causados e impedir os efeitos colaterais dos produtos químicos, minimizados pelo uso mais racional dos agrotóxicos. Por isso, indica, entre outras soluções, a adoção do Manejo Integrado de Pragas, com variedades resistentes de plantas, uso de predadores, patógenos e competidores de pragas, métodos de controle físico e mecânico, hormônios, feromônios, entre outros.

Com certeza *Pragas, agrotóxicos e a crise ambiente* servirá como base técnica sólida para a continuidade de pesquisas e a geração de conhecimentos para o alcance do objetivo maior, que é uma forma natural, e ambientalmente adequada, de produção agrícola em harmonia com a natureza – a agricultura sustentável.

Por seu trabalho, estudo e envolvimento com uma agricultura que visa a saúde da população e o absoluto respeito ao ambiente, expresso meu sentimento de gratidão ao amigo, professor e, sobretudo, exemplar profissional, pela oportunidade, certo de que a leitura desta obra agregará a todos os conhecimentos que devem fazer parte de nossa vida.

APRESENTAÇÃO

Virgínia Mendonça Knabben[1]

Durante a década de 1970, Adilson Paschoal candidatou-se a uma bolsa para estudar nos Estados Unidos. Tendo por formação a agronomia e já com doutorado, Paschoal buscava, em seus estudos, as relações ecológicas intrínsecas entre o solo, as plantas e os animais fitófagos. Ele tinha percebido que os Programas Nacionais de Desenvolvimento (PNDs), dos governos militares, estavam transformando a agricultura de forma radical, fazendo-a depositária de produtos da indústria química. Aceito na The Ohio State University, lá permaneceu de 1972 a 1975, ano em que voltou para o Brasil com seu Ph.D. em Ecologia e Recursos Naturais. Naquela época, eram comuns os convênios entre universidades brasileiras e estadunidenses; os estudantes de lá traziam as técnicas da Revolução Verde para serem adotadas no Brasil.

Foi um tiro no pé. Adilson Paschoal havia adquirido uma bagagem científica e visão ecológica profundas. Para ele, todo o conhecimento obtido deveria ser revertido à sociedade, pautado nas leis naturais; a agricultura deveria produzir com o menor

---

[1] Virgínia Mendonça Knabben é geógrafa e escritora, autora da biografia de Ana Primavesi, publicada pela Editora Expressão Popular.

impacto possível no ambiente, já que é, por si só, um sistema antinatural. A Revolução Verde incentivava, principalmente, a mecanização da produção, a modificação genética de cultivares e o uso intensivo de produtos químicos – os fertilizantes e os pesticidas (nome usado na época). Paschoal logo observou que nada disso tinha a ver com ecologia, e sim com negócios, e que as técnicas, se funcionavam relativamente bem em áreas temperadas, não deveriam, necessariamente, funcionar bem em áreas tropicais e semitropicais.

Dois anos depois de sua volta ao Brasil, em 1977, a Fundação Getulio Vargas lançou o Primeiro Concurso de Monografias (de âmbito nacional) instituído pelo Conselho de Administração do Fundo Ipês. Adilson enviou seu trabalho, intitulado *Pragas, praguicidas e a crise ambiental: problemas e soluções* e foi o vencedor. Em 1979, o trabalho virou livro, e foi tão impactante quanto *Manejo ecológico do solo,* de Ana Maria Primavesi. O autor conta que os estudantes andavam com os dois livros debaixo do braço, o dela e o dele. O sucesso foi tão grande que o livro logo se esgotou. Adilson não poderia imaginar que seus fundamentos ecológicos dariam base teórica para um movimento irrefreável, ainda embrionário: o da agricultura orgânica.

O livro discorre sobre o funcionamento dos ecossistemas e dos agroecossistemas, os impactos dos praguicidas no ambiente e explica o aumento do número de pragas mesmo com o uso intensivo dos venenos. E, contribuição inestimável, justifica o emprego da palavra "agrotóxico" (termo que ele havia criado anteriormente), cujo uso se generalizou. Purista no uso da língua portuguesa, Paschoal explica que praguicida quer dizer produto que mata pragas, e

> implícito na definição está o fato de que os organismos se acham divididos em pragas e não pragas, e que os praguicidas matam apenas pragas e nada

mais. Esse conceito, que poderia ser aceito na época em que a ecologia não existia como ciência, não mais o é na atualidade.

O livro aprofunda bem essa questão ao mostrar que o uso dos agrotóxicos atinge muito mais as populações predadoras das supostas pragas do que as próprias pragas. Mas fato é que a palavra agrotóxico não só substituiu "praguicida", como se incorporou à legislação brasileira e ao vocabulário popular.

Seus argumentos eram irrefutáveis: não seria óbvio considerar que

> os insetos estão nesse mundo há cerca de 400 milhões de anos e o homem há apenas 2 milhões, dando 398 milhões de anos de vantagem para esses animais se adaptarem, com muito maior adequabilidade, às condições adversas do meio?

E também não seria óbvio pensar que "a diversidade das espécies conduz à estabilidade, enquanto que a simplificação (redução) conduz à instabilidade?" Estes e outros fundamentos formaram um verdadeiro tratado ecológico, no qual nos embrenhávamos à medida que avançávamos na leitura. O mais incrível era poder compreender os conceitos e relações e aceitá-los como verdades, sem que precisássemos ser doutores em nada. Com a coerência e a lógica de seus argumentos, nos reconhecíamos como parte integrante da natureza, não como seus donos ou seus superiores.

A utilização dos agrotóxicos não é defendida pelo autor, muito ao contrário. Mas engana-se quem achar que o livro propõe banir seu uso. Adilson admite que, sem eles, as perdas nas lavouras seriam de grande porte. Explica que sua adoção está diretamente atrelada ao modelo da agricultura industrial, no qual o solo é visto como suporte físico para as plantas e que adota monocultura e variedades de alta resposta aos fertilizantes minerais solúveis. Como as variedades mais produtivas exigem monocultivo, mecanização intensiva, irrigação frequente e grande aporte de fertilizantes sintéticos, e estes fertilizantes fazem aumentar as pragas, grandes companhias agroquímicas adquiriram e adquirem as companhias sementeiras para poderem vender mais os seus produtos: a isto se chama "pacote tecnológico". Desde a Revolução Verde, a agricultura voltou-se para atingir máxima produtividade e não sustentabilidade.

É evidente que se se deixar de aplicar agrotóxicos nesse sistema, as pragas provocarão grandes perdas. Portanto, é o sistema que está em dissonância, e o agrotóxico é um de seus componentes. Num outro viés, o ecológico, surge a agricultura orgânica. Esta se assenta em princípios muito diferentes, em que a praga fica sob controle natural pelo uso de variedades resistentes ou tolerantes, pelo consórcio e rotação de culturas, pelos cultivos que garantem biodiversidade e, consequentemente, maior estabilidade; o solo é um meio biológico, e não apenas um meio de suporte para as plantas, em que a presença de macro e microvida úteis ajudam-nas em seu desenvolvimento, estabilizando sua bioquímica; assim como os adubos orgânicos, a vida do solo permite o fornecimento de nutrientes em quantidades adequadas, sem que haja acúmulo de aminoácidos e de açúcares redutores, e sem desequilíbrios entre macro e micronutrientes, também responsáveis pelo surgimento de pragas e de doenças.

O não uso de agrotóxicos permite o trabalho regulador dos inimigos naturais. Assim, para que a agricultura convencional deixasse de usar agrotóxicos, teria de mudar as técnicas que usa atualmente. Ele conclui:

> Quando isso irá ocorrer não se sabe. O que se sabe é que este modelo suicida não pode durar para sempre. É só uma questão de tempo. Não podemos ignorar, entretanto, que por mais reais e convincentes que sejam esses dados de perdas causadas pelas pragas, eles não justificam o volume fantástico de agrotóxicos colocados pelo homem na biosfera.

Não só por pensar, mas principalmente por expressar e defender a ecologia, Adilson foi muito combatido. Não era fácil enfrentar a poderosa indústria química, mas menos fácil ainda era dobrar esse homem em seus mais arraigados princípios científicos.

Na Escola Superior de Agricultura "Luiz de Queiroz" (Esalq), em Piracicaba (SP), ele passou a oferecer a disciplina "Ecologia e Conservação dos Recursos Naturais", formando os primeiros profissionais que atuaram na área. Teve, porém, que esperar mais de dez anos para poder mudar o nome para "Agroecologia e Agricultura Orgânica", o que fez da USP a terceira universidade pública em todo o mundo a ter uma disciplina dessa natureza.

A boa fama espalhava-se e Adilson passou a ser convidado para encontros, palestras, cursos e eventos de agricultura orgânica. Ao lado de nomes como José Lutzenberger, Ana Maria Primavesi, Pinheiro Machado, Shiro Miyasaka, Yoshio Tsuzuki e outros, seu brilhantismo alicerçava o debate e fortalecia a prática da agricultura orgânica, que vinha crescendo. Viajaram por quase todos os estados da Federação, levando consigo a esperança de mudar a agricultura do país, criando mecanismos para o desenvolvimento da agricultura orgânica, de base ecológica. Mais tarde, pela Fundação Mokiti Okada, participaria de congressos internacionais em vários países, levando os resultados das pesquisas do grupo e de suas experiências de vida. E como tinham ouvintes! Ávidos por aprender, agricultores e também interessados em agricultura disputavam presença onde eles estivessem, porque as falas eram da compreensão de todos, uma preocupação do grupo de palestrantes. E não havia "dono" de matérias: todos podiam falar de tudo, pois eram ecologistas, e em ecologia tudo está interligado. E o professor brinca:

> Curiosamente, mas não estranhamente, Primavesi começou a publicar trabalhos sobre pragas e eu sobre solos, o que só foi possível pelas nossas formações ecléticas, permitidas pela ecologia.

Num desses encontros, realizado em Cuiabá (MT), em 1986, o professor canadense Patrick Roy Mooney foi o expositor, e os engenheiros agrônomos Adilson Paschoal e José Lutzenberger foram os debatedores. Mooney, membro do Grupo de Ação sobre Erosão, Tecnologia e Concentração (ETC, sigla em inglês), autor e coautor de livros sobre política de biotecnologia e biodiversidade, e professor da Universidade de Brandon, no Canadá era considerado autoridade em biodiversidade agrícola e novas tecnologias. No debate que se seguiu, Pat, como era também chamado, criticou severamente a Revolução Verde, responsabilizando-a pela enorme diminuição das variedades de sementes disponíveis e a crescente vulnerabilidade dos cultivos.

A grande preocupação dos presentes era impedir a exploração de nossas sementes e variedades e aprofundar o trabalho político para que a sociedade civil pudesse pressionar o Estado. "Todavia, não podemos resguardar e salvar as sementes a não ser que salvemos também os agricultores", ressaltou Mooney, "através da luta política aliada à reforma agrária e a outras lutas da sociedade".

Adilson Paschoal traduziu e prefaciou o livro de Mooney, *The seeds of the Earth*, que no Brasil foi publicado pela Editora Nobel, com o título de *O escândalo das sementes*. "O livro começa pelo questionamento da política em favor das variedades altamente produtivas da agricultura convencional, que se transformou em engenharia genética, biotecnologia e transgênicos", diz o professor Paschoal.

Quando o livro foi publicado, em 1977, Paschoal foi a Brasília e entregou uma cópia para cada deputado, para que eles vissem o perigo que era votar favoravelmente à lei do patenteamento. A Associação dos Engenheiros Agrônomos do Estado de São Paulo (Aeasp), na gestão de Walter Lazzarini, teve atuação decisiva no episódio do projeto de Lei de Patentes de Sementes, que tramitava na Câmara dos Deputados em 1977. Por meio de ampla divulgação, mostrando a posição contrária dos engenheiros agrônomos a tal projeto, Lazzarini incluiu esse tema em congressos de agronomia e junto a entidades representativas dos agricultores, na Sociedade Brasileira para o Progresso da Ciência e junto a inúmeros formadores de opinião. Além disso, a Aeasp enviou uma carta ao então presidente da República, General Ernesto Geisel, com os argumentos contrários ao projeto de lei; meses depois, recebeu uma carta do General Golbery do Couto e Silva, chefe da Casa Civil, informando que o governo havia mandado retirar o projeto de patenteamento da pauta de votações, ou seja, havia desistido dele.

Foi dessa forma que se conseguiu segurar, por dez anos, a lei que pretendia dar a multinacionais e a empresas privadas brasileiras o direito de patentear as sementes, pelas quais os brasileiros pagariam *royalties*.

> São Paulo sempre liderou a questão de variedades melhoradas. No Instituto Agronômico de Campinas, produziam-se variedades fantásticas para a agricultura, resistentes a pragas e doenças; mas o que eles queriam eram variedades altamente produtivas (mas fracas), porque sabiam haver relação entre pragas e doenças com o uso de agrotóxicos e de adubos solúveis. Se eles conseguissem o 'pacote', seria altamente rentável para as multinacionais, porque com as variedades pouco resistentes poderiam vender mais sementes, agrotóxicos, adubos solúveis, sistemas de irrigação e maquinário,

ressalta Adilson Paschoal.

Com uma trajetória extraordinária e enorme contribuição para as ciências agrárias, Adilson Paschoal fez e faz história na agricultura brasileira. É inconcebível pensar que gerações não puderam contar com o aporte científico de seu livro, lacuna que é corrigida agora, 40 anos depois, com a edição comemorativa de *Pragas, agrotóxicos e a crise ambiente*. A obra foi revisada, ampliada e atualizada pelo autor, que decidiu adotar no título a palavra que criou.

Tão ou mais atual do que antes, este livro é, com certeza, um dos clássicos da Agroecologia.

São Paulo, fevereiro de 2019.

RESUMO

O presente trabalho é uma tentativa, pouco explorada, de se fazer juntar ao critério econômico, que caracteriza quase que totalmente as práticas de controle de pragas no Brasil, o critério ecológico, que tem sido empregado com absoluto sucesso em vários países, dentro da nova filosofia de manejo integrado. A maneira de integrar esses dois critérios é apresentada ao longo de todo o texto.

Dois fatores marcantes dos agroecossistemas, as pragas e os agrotóxicos, são detalhadamente estudados quanto aos aspectos ecológico e econômico, e quanto às implicações sociais a eles relacionados, tanto nesses sistemas quanto nos ecossistemas naturais.

O contraditório equilíbrio da natureza é analisado teoricamente, sendo sugerido, para melhor compreensão dessa característica comunitária, o seu relacionamento com a estabilidade do sistema. Os ecossistemas são tanto mais estáveis quanto maiores forem as interações tróficas nas teias alimentares, ou seja, a estabilidade é função direta da diversidade. Os agroecossistemas são sistemas artificiais simplificados e, por isso, instáveis. Correspondem aos estádios iniciais de sucessão ecológica, com plantas altamente produtivas e dispersivas, de duração efêmera, pouco competitivas e instáveis (estrategistas *r*), criando condições favoráveis ao estabelecimento de espécies fitófagas igualmente produtivas e dispersivas, efêmeras, pouco competitivas e instáveis (também do tipo *r*), que quando não são mantidas sob controle pelos inimigos naturais e patógenos tornam-se pragas. A maioria absoluta dos insetos não é praga. Fatores econômicos, históricos e ambientes, através da agricultura, do comércio, dos agrotóxicos e da evolução explicam a origem das pragas no mundo.

Os agrotóxicos são abordados com certa profundidade, principalmente com relação ao impacto ecológico nos ambientes físicos e biológicos dos agroecossistemas e dos ecossistemas naturais. São apresentadas as maneiras de contaminação, deslocamento e interação dos agrotóxicos com o ar, solo e água, e apontados e analisados os efeitos desses produtos nas pragas, nas plantas, no homem e nas outras espécies dos agroecossistemas e dos sistemas naturais. Dados sobre o histórico e a classificação dos agrotóxicos são também fornecidos. As terminologias *pesticida* e *defensivo* são consideradas inadequadas e incorretas; o termo *praguicida*, embora mais adequado etimologicamente, está longe de traduzir a realidade que parece indicar, a palavra *biocida* sendo mais realística; sugere-se o termo *agrotóxico* para indicar todos os produtos em uso nos agroecossistemas.

Considerações relativas às necessidades do uso dos agrotóxicos na agricultura e no saneamento básico são discutidas em detalhe. Conclui-se que, em grande parte, as necessidades de se usar agrotóxicos advêm das interferências humanas com as forças balanceadoras da natureza, quer por meio da agricultura, do comércio e da Revolução Industrial, quer por intermédio dos aglomerados humanos nas cidades e da construção de barragens, projetos de irrigação e outros mais. Conclui-se, ainda, que o aumento das perdas de alimentos e de vidas humanas, previsto pela supressão de todos os produtos tóxicos usados no controle das pragas, patógenos, plantas invasoras e vetores de doenças humanas, apenas reflete o fato de que somente controle químico tem sido usado, em larga escala no mundo, contra esses agentes biológicos, todos os demais mecanismos de controle sendo postos de lado após o surgimento, no mercado, dos agrotóxicos organossintéticos. É também concluído que as indústrias de produtos químicos sintéticos têm falhado na elaboração de produtos que sejam tóxicos apenas para as pragas, persistentes o suficiente para permitir controle econômico e biodegradável a ponto de não causarem poluição ambiente e não interferirem nas cadeias biológicas. Por esse motivo, a redução do impacto desses produtos somente poderá apresentar resultado satisfatório, no momento, com a diminuição do seu uso, o que é possível com a introdução das práticas de manejo integrado.

No capítulo referente ao manejo integrado de pragas, a nova filosofia de controle é apresentada, sendo descritas as estratégias para se atingir esse objetivo.

Por fim, é apresentada uma análise da situação dos agrotóxicos no Brasil, culminando com sugestões para o uso racional desses produtos em nosso meio. Dos dados obtidos, conclui-se que os agrotóxicos mais usados no país são os problemáticos organoclorados, ainda não substituídos pelos fosforados e os carbamatos. O volume médio de agrotóxicos usados por unidade de área cultivada no Brasil, em 1975-1976, está entre 4,3 e 9,1 kg de formulações por hectare; só de inseticidas calcula-se uma média 0,8 kg de princípios ativos por hectare. Entretanto, considerando a interação que a quase totalidade dos agrotóxicos é usada nos estados do Sul e Sudeste, principalmente Rio Grande do Sul, Paraná e São Paulo, as relações entre volume de agrotóxicos e área cultivada devem ser muito maiores para esses estados. Alguns dos poucos casos conhecidos de impactos de agrotóxicos no nosso meio são mencionados.

Uma cuidadosa revisão da literatura sobre o número de pragas ocorrentes no Brasil, em três períodos distintos, permite concluir que os agrotóxicos têm provocado o aparecimento de pragas nas nossas lavouras. As evidências que sugerem fortemente tal conclusão são apontadas no texto. Até 1958 e, portanto, 15 anos após a introdução (mas não o uso) do DDT no país, ocorriam no Brasil 193 pragas; de 1958 a 1976, isto é, 18 anos depois, nada menos de 400 novas espécies de pragas foram referidas para as mesmas culturas. Em 1958, perto de 990 referências de pragas em culturas foram citadas para os diversos estados; essas referências passaram a 3.037 em 1976, aumentando principalmente para as regiões onde o uso dos agrotóxicos é mais acentuado. Várias dessas espécies devem ser exóticas; outras devem ser nativas, favorecidas por condições novas impostas às plantas, às culturas ou a elas próprias; mas a maioria deve ser espécies nativas elevadas à categoria de pragas por desequilíbrios biológicos causados pelos agrotóxicos. Estudos nesse sentido estão em andamento no laboratório do autor.

Doze recomendações consideradas importantes para o uso racional dos agrotóxicos no Brasil são propostas.

INTRODUÇÃO

Na década de 1940, por ocasião da Segunda Guerra Mundial, o mundo conheceu verdadeira revolução no campo do controle de pragas. Essa revolução teve início com a descoberta das propriedades inseticidas do DDT, e reverteu em tamanho sucesso que se chegou a acreditar na possibilidade da erradicação de todas as pragas da Terra. Após a guerra, novos organossintéticos foram produzidos, representando o florescimento de poderosa estrutura industrial de agrotóxicos em todo o mundo. Os resultados animadores obtidos com o uso desses produtos provieram de duas de suas características: a) o alto nível de ação biológica; e b) a sua persistência no ambiente, o que permitia, por longo tempo, o controle de novas formas emergentes das pragas e de imigrantes que tentavam se estabelecer nas áreas tratadas.

Não há como negar os benefícios que esses produtos de ampla ação e persistência trouxeram ao homem: pelo número de vidas salvas, com o controle dos vetores de doenças como a malária, o tifo e a febre amarela; pela diminuição do sofrimento e pela aquisição de alto padrão de vida, com aumentos significativos na produção e na qualidade de alimentos e fibras; e pelos lucros obtidos na produção econômica agrícola e industrial. O impacto inicial desses produtos químicos na saúde pública e na agricultura levou inclusive o descobridor das propriedades inseticidas do DDT, Paul Muller, pesquisador da companhia suíça Geigy, a ser laureado com o Prêmio Nobel de fisiologia e medicina, em 1948. A indústria de agrotóxicos organossintéticos desenvolveu-se em ritmo acelerado no período pós-guerra. As vendas passaram de US$ 40 milhões, em 1939, para US$ 300 milhões, em 1959, e US$ 2 bilhões, em 1975. Por volta de 1963, mais de 100 mil toneladas de DDT foram produzidas globalmente. Em 1966, mais de 8 mil firmas estiveram preparando 60 mil formulações diferentes, a partir de 500 agrotóxicos básicos. Em adição aos inseticidas, outros tipos de produtos foram incorporados ao mercado, como herbicidas, fungicidas, desfolhantes, acaricidas, nematicidas, rodenticidas etc.[1] Além das mudanças na tecnologia agrícola e no poder aquisitivo dos agricultores, uma bem montada e dispendiosa propaganda, através dos meios de comunicação de massa, foi em grande parte responsável por essas vendas fantásticas de agrotóxicos em todo o mundo. Aparentemente, o crescimento dessas indústrias tende a aumentar, a cada ano, devido à crescente

---

[1] A produção mundial de agrotóxicos passou de 400 mil toneladas em 1955 para 4 milhões de toneladas em 2000 (Tilman *et al.*, 2002). Maiores produtores: Estados Unidos, Europa e Japão. Produtos mais comercializados, pela ordem: herbicidas, inseticidas e fungicidas. Consumo de agrotóxicos pelos quatro maiores consumidores (em toneladas): 1990: EUA (401 mil), Índia (71 mil), Brasil (49,6 mil), Reino Unido (29,5 mil); 2000: China (1,28 milhão), EUA (430 mil), Brasil (129,3 mil), Reino Unido (33 mil); 2010: China (1,76 milhão), Brasil (311 mil), Índia (40 mil), Reino Unido (16,7 mil); 2013: China (1,8 milhão), Brasil (361 mil), Reino Unido (17,6 mil). China e Brasil apresentam tendência crescente de consumo, enquanto os Estados Unidos, a Índia e o Reino Unido apresentam quedas (ONU, 2010; Roser e Ritchie, 2013). Aplicação de agrotóxicos por área (kg/ha). 1900: Holanda (10,7), Itália (8,4), França (5,1), Brasil (0,87); 2000: Colômbia (16,7), Japão (16,5), China (9,9), Brasil (1,98); 2014: Colômbia (20,8), Chile (15,6), China (14,8), Brasil (4,36).

demanda de alimentos para uma população mundial que aumenta em ritmo exponencial, e aos projetos de controle de vetores de doenças humanas em andamento nos países subdesenvolvidos e em processo de desenvolvimento.

Mas não tardou muito para que os insetos e outras pragas respondessem à fúria exterminadora dos erradicadores. Populações resistentes aos agrotóxicos surgiram em vários países, generalizando-se, posteriormente, por todos os continentes. Um fato esquecido pelos erradicadores de pragas foi que os insetos estão neste mundo há cerca de 400 milhões de anos e o homem (*Homo*) há apenas 2 milhões. Houve, assim, 398 milhões de anos de vantagem para esses animais se adaptarem, com muito maior adequabilidade, às condições adversas do meio. Os agrotóxicos evidenciaram a grande plasticidade das populações de pragas para responderem a um fator extrínseco novo a ameaçar-lhes a sobrevivência como espécies, assim como mostraram a atuação ininterrupta dos processos de seleção e de evolução.

A resistência é um fenômeno desenvolvido por seleção em populações de espécies normalmente suscetíveis a determinados agrotóxicos. É uma característica hereditária apresentada apenas por populações já dotadas dos fatores de resistência e não, como se supunha no passado, por habituação ou por ação mutagênica dos produtos químicos. Resistência é, assim, um processo pré-adaptativo, representando seleção darwiniana de fatores genéticos, ou seja, de alelos mutantes de genes para suscetibilidade, inicialmente presentes em pouquíssimos indivíduos de uma população, mas que tiveram suas frequências proporcionalmente aumentadas pela eliminação contínua dos indivíduos suscetíveis, por repetidas aplicações de agrotóxicos. Nos anos 1970, eram conhecidas mais de 300 importantes espécies resistentes aos clorados (DDT e ciclodienos), aos organofosforados, aos carbamatos e a alguns produtos inorgânicos. Desde 1945, mais de 400 espécies desenvolveram resistência aos agrotóxicos, mas este dado pode ser maior, chegando a 1.000 espécies.[2] No passado, os erradicadores deram ênfase unicamente aos critérios químicos, toxicológicos e econômicos na seleção dos agrotóxicos. Os princípios ecológicos e de evolução foram totalmente negligenciados. Em consequência, outros problemas graves surgiram pelo uso indiscriminado desses produtos. O desconhecimento dos princípios básicos de ecologia de populações, ligados aos mecanismos de crescimento e dinâmica populacional, conduziu espécies antes inócuas à categoria de pragas e pragas secundárias ao estado de pragas primárias de grande importância econômica, devido principalmente aos desequilíbrios biológicos causados pela eliminação dos inimigos naturais e competidores. Tal é, por exemplo, o caso dos ácaros fitófagos na agricultura.

Resistência e desequilíbrio biológico são, ainda, fatores ligados ao ressurgimento de pragas. Os agrotóxicos não seletivos são, por sua natureza, agentes catastróficos de controle populacional e fatores independentes da densidade. Quando aplicados em altas populações reduzem a infestação da praga a baixos níveis, onde

---

[2] O desenvolvimento de resistência a agrotóxicos é hoje considerado como o maior obstáculo ao controle de pragas. Desde que a mosca doméstica se tornou resistente ao DDT em 1946, 428 espécies de artrópodes (insetos e ácaros), 91 espécies de patógenos causadores de doenças, cinco espécies de ervas invasoras (daninhas) e duas espécies de nematoides foram referidas como resistentes a dois ou mais agrotóxicos (Georghiou, 1983). Por apresentarem estrutura molecular comum, assim como o modo de ação, os agrotóxicos fosforados (que substituíram os clorados), os carbamatos, os piretroides e os neonicotinoides quando geram resistência em uma praga, a um produto químico ou em um grupo deles, acabam gerando resistência a outros produtos. Assim, a mosca doméstica resistente ao DDT tornou-se resistente aos piretroides décadas depois, sem ter sido sequer exposta a eles, pela razão de ambos os produtos químicos terem o mesmo modo de ação.

a competição por alimento, espaço e abrigo é minimizada e a reprodução maximizada. Competições interespecíficas, predação e parasitismo são também reduzidos pela eliminação de outras espécies que coabitam o local e pela morte ou emigração dos inimigos naturais. Consequência disso é a volta rápida da praga a níveis populacionais maiores do que antes da aplicação química, acentuando-se ainda mais os danos pelo seu ressurgimento. Alta capacidade reprodutiva em baixos índices populacionais é característica da maioria das pragas agrícolas, chamadas "estrategistas r".

Também, ao longo dos anos de uso continuado e intensificado dos produtos químicos, evidenciou-se uma realidade estarrecedora: os erradicadores haviam perdido a batalha contra as pragas, mas tornaram-se eficientes erradicadores de animais úteis. Muitas espécies, principalmente de mamíferos, de aves e de peixes foram extintas e hoje centenas de outras se acham em processo acelerado de extinção, contribuindo significativamente para isso os agrotóxicos. Aqui mesmo no Brasil, a febre da soja tem sido responsável por aplicações maciças de produtos químicos, que ameaçam a existência de muitas espécies de vertebrados da nossa fauna.[3]

Antes de 1962, alguns cientistas ficaram apreensivos com relação às consequências do uso continuado e maciço de produtos químicos não biodegradáveis nos ecossistemas em que peixes, aves, mamíferos e o próprio homem constituem parte integrante.

---

[3] Em 2012, comercializou-se 823 mil toneladas de agrotóxicos no Brasil (crescimento de 16% em relação a 2000). A isenção de 60% do ICMS para os agrotóxicos fomenta seu uso desde 1997. Dos US$ 54,6 bilhões gastos com agrotóxicos no mundo em 2015, US$ 9,7 bilhões foram gastos no Brasil (17,5%), dos quais 52% na soja (Sindiveg). Uma praga, o percevejo da soja (*Euschistus heros*), adquiriu resistência aos inseticidas, de tal forma que o controle que antes era de 90% não passa agora de 60%, no máximo 70%.

Até que ponto esses produtos, que em curto prazo tinham efeitos satisfatórios, estariam interferindo, em longo prazo, com o ordenado e sensível fluxo de nutrientes e de energia dos ecossistemas, era o que mais necessário se fazia investigar. Tais ideias foram ridicularizadas ou ignoradas, não apenas por outros cientistas, mas, e principalmente, pelos prósperos e recalcitrantes produtores e comerciantes de agrotóxicos. Em 1962, entretanto, Rachel Carson (1969), biologista marinha do U.S. Fish and Wildlife Service, dos Estados Unidos, com o seu livro *Primavera silenciosa*, conseguiu sensibilizar a opinião pública americana e mundial sobre os efeitos colaterais dos agrotóxicos no ambiente. Carson acusava a indústria de agrotóxicos de cometer abusos contra a natureza, numa sociedade carente de conhecimentos sobre as consequências desses ultrajes ambientes; acusava-a, também, de interesse primário nos lucros obtidos, quando o interesse deveria se fixar nas consequências futuras, de longo prazo. O livro *Primavera silenciosa* foi acusado de imprecisão científica, mas o objetivo de Carson – alertar o público para os perigos ocultos dos agrotóxicos – foi totalmente satisfeito. Pouco mais tarde, em 1964, um livro escrito em estilo mais acadêmico e técnico por Robert Rudd (1964), *Pesticides and the living landscape*, acabou por confirmar muito do que antes se suspeitava: os agrotóxicos não eram somente as maravilhosas armas de domínio do homem sobre a natureza; eram também instrumentos de autodestruição.

Produtos clorados persistentes, como o DDT e afins, entram nas teias alimentares, acumulam-se e concentram-se a cada nível trófico e atingem níveis fatais principalmente para vertebrados predadores, inclusive o homem. Os sistemas biológicos, ao contrário dos sistemas físicos, tendem a concentrar produtos tóxicos persistentes encontrados nos ambientes onde vivem, por meio de um mecanismo conhecido por magnificação biológica. Assim é que peixes, anfíbios, répteis, aves e mamíferos, que são predadores finais nas teias alimentares, podem apresentar concentrações de DDT, ou de outros tóxicos, cerca de dez, cem, mil ou mesmo milhões de vezes maiores do que aquela das águas onde vivem ou frequentam.

A morte de animais silvestres por intoxicação impõe sério revés às populações das espécies atingidas, mas talvez os efeitos subletais sejam mais importantes na determinação da densidade dessas populações. Muitos hidrocarbonetos clorados são mutagênicos, sendo capazes de induzir mutações que não apenas reduzem a vitalidade dos animais, por interferirem com os hormônios sexuais, como também transmitem essa perda de vigor aos seus descendentes. São ainda responsáveis por alterações na consistência da casca dos ovos das aves, principalmente de aves aquáticas e de rapina, o que faz com que se quebrem com facilidade, reduzindo drasticamente as populações desses animais, ameaçando de extinção muitas espécies.

A cada ano muitas pessoas morrem intoxicadas por agrotóxicos, quer no seu manuseio, quer pela ingestão de alimentos contaminados acidentalmente. Estudos realizados pela Food and Drug Administration, nos Estados Unidos, revelaram que 50% de milhares de amostras de alimentos continham resíduos de agrotóxicos e que 3% estavam acima dos limites legais estabelecidos. O tecido adiposo humano concentra resíduos de DDT que, frequentemente, ultrapassam 12 ppm (partes por milhão) nos Estados Unidos, 19 ppm em Israel e 26 ppm na Índia. O leite materno contém até 5 ppm de DDT, enquanto o nível permitido pela Food and Drug Administration (FDA) para o leite de vaca é de 0,05 ppm. Bebês alimentados com leite materno na Suécia recebem 70% a mais do que o máximo de DDT aceitável; na Inglaterra e nos Estados Unidos, recebem cerca de 10 vezes a quantia máxima de dieldrin recomendada, e na Austrália, perto de 30 vezes. Não se sabe até que ponto esses níveis de concentração de hidrocarbonetos clorados estão influenciando a saúde humana. A ausência de efeitos em curto prazo não implica ausência de efeitos em longo prazo, principalmente levando-se em conta as propriedades carcinogênicas, mutagênicas e teratogênicas desses produtos, comprovadas para outros animais.[4] Estamos hoje diante de um sério dilema. A Organização Mundial da Saúde (OMS), que se preocupa em controlar os vetores de doenças humanas como a malária, não dispõe de arma mais eficiente e barata do que o DDT, e prefere correr o risco das consequências futuras a ver milhares de pessoas morrerem pelo não controle dos insetos vetores. A Organização das Nações Unidas para a Alimentação e a Agricultura (FAO), por sua vez, que luta desesperadamente para aumentar a quantidade de alimentos no mundo e acabar com a subnutrição e a fome, não pretende deixar de lado qualquer agrotóxico que lhe ajude a conseguir os intentos. Mas não podemos esquecer que esses esforços humanitários poderão levar a própria humanidade ao desastre total.[5]

---

[4] Embora proibido no Brasil em 1998, o DDT e seu metabólito DDE continuam presentes no leite materno. Assim é que, em pesquisa feita em Lucas do Rio Verde, Mato Grosso, em 2007 (Palma, 2011), maior município produtor de soja e milho do estado, e, por isso, grande consumidor de agrotóxicos, constatou-se que 100% do leite materno estavam contaminados com DDE e 13% com DDT. Outros clorados também aparecem nas amostragens feitas com o leite materno das mães estudadas nesse município: beta-endosulfan (44%) e alpha-endosulfan (32%) – isômeros do endosulfan, ainda utilizado, embora proibido em 2013 –, aldrin (32%), alpha-HCH (18%) e lindane (6%). O piretroide deltametrina aparece em 37% das amostras e o herbicida trifluralina em 11%.
[5] Em 2018, a ONU abandonou as técnicas da Revolução Verde para resolver o problema de fome no mundo e salvar o planeta, passando a adotar as técnicas da Agroecologia (ONU, relatório 2010).

Em alguns países europeus, como a Suécia e a Inglaterra, e nos Estados Unidos, muitos produtos clorados persistentes foram banidos do comércio. Mas essa é apenas uma medida isolada, uma vez que tais produtos circulam hoje por toda a biosfera, existindo mesmo na gordura dos ursos polares e pinguins da Antártida. A solução está, evidentemente, na busca de medidas de controle de pragas as mais naturais possíveis, de acordo com um esquema que utilize sólidos princípios ecológicos e integre todos os meios conhecidos e possíveis capazes de reduzir as populações das pragas a níveis subeconômicos ou que sejam capazes de erradicá-las localmente.

No Brasil, embora pouquíssimos dados concretos existam sobre os efeitos colaterais dos agrotóxicos, já se sabe que em linhas gerais eles causam os mesmos problemas observados em outros países. Há uma diferença, porém, que tem escapado à observação dos pesquisadores, principalmente porque o número de ecologistas e de estudos ecológicos nos trópicos e subtrópicos é deveras escasso: a intensidade desses efeitos deve ser muito mais acentuada nas condições de baixa latitude do que nas condições de clima temperado e ártico. Como importadores que somos de tecnologia de países desenvolvidos temperados, caímos no erro gravíssimo de ignorar a verdade ecológica de que nos ecossistemas tropicais (e certamente mesmo nos agroecossistemas) a diversidade de espécies e, consequentemente, as interações entre os vários níveis tróficos das teias alimentares é muito maior do que nos ecossistemas de clima temperado. Isso sugere uma maior importância dos fatores bióticos naturais (competidores, inimigos naturais e patógenos) na estabilidade das populações das espécies animais e vegetais.

Esquecemos, ainda, que nas condições tropicais a uniformidade climática permite o desenvolvimento de maior número de gerações de uma espécie por ano, ao contrário do que acontece nas outras regiões onde invernos rigorosos limitam esse número. Desequilíbrios biológicos e resistências a produtos químicos, entre outros, e erupções de pragas devem, pois, ser muito mais frequentes e problemáticos nos trópicos, devido ao uso continuado e indiscriminado dos agrotóxicos. As quantidades excessivas de produtos químicos usadas para combater pragas resistentes ou novas pragas agravam sobremaneira as condições ambientes, com total poluição dos meios de subsistência (água, ar, solo, alimentos) e destruição da flora e da fauna.

O presente trabalho é um estudo ecológico dos agroecossistemas e dos efeitos colaterais dos agrotóxicos nesses sistemas no Brasil.

EQUILÍBRIOS E DESEQUILÍBRIOS DA NATUREZA

Muito se tem escrito e debatido sobre o equilíbrio da natureza em trabalhos clássicos como os de Nicholson (1954), Lack (1954) e Andrewartha & Birch (1954), e os de Hairston *et al.*, (1960), Murdoch (1966), Ehrlich & Birch (1967), Slobodkin *et al.*, (1967) e Colinvaux (1973). O assunto é, evidentemente, muito longo e controvertido para ser discutido em um curto capítulo deste trabalho. Contudo, algumas considerações são necessárias para o adequado entendimento de como as pragas se originaram e de como elas devem ser manejadas ecologicamente em benefício da natureza e do próprio homem.

A existência de um equilíbrio da natureza é argumentada na observação de que as espécies têm existido por milhares ou mesmo milhões de gerações e nunca suas populações cresceram a número infinito ou decresceram a zero, embora flutuassem sempre. Mesmo vivendo nas condições ideais para a espécie, as populações desses organismos são incapazes de crescer indefinidamente, o que sugere a existência de fatores reguladores ou controladores do tamanho das populações de cada espécie. Esses fatores são de dois tipos: fatores dependentes da densidade e fatores independentes da densidade. Alterações bruscas no tamanho das populações resultam de alterações nos fatores reguladores, o que leva ao rompimento do equilíbrio da natureza (Ehrlich & Birch, 1967). Evidentemente, a natureza jamais esteve em equilíbrio, se a considerarmos em termos da idade geológica da Terra e da evolução dos organismos. Ao longo da história do planeta em que vivemos, extinções em massa ocorreram dentro de cada período ou era geológica. O número total estimado de espécies atuais viventes, incluindo-se nematoides, ácaros e protozoários, é de 5 a 10 milhões; contudo, o número de espécies fósseis é de 50 a 100 vezes esses valores (Mayr, 1969). A Terra, que deve ter 5 bilhões de anos, começou a exibir vida orgânica há 4 ou 3,5 bilhões de anos. Já existiam plantas fotossintéticas há 3 bilhões de anos, mas os organismos heterotróficos (animais e decompositores) somente apareceram há 500 milhões de anos. Só depois de 3 a 3,5 bilhões de anos da origem da vida que ecossistemas primitivos, compostos de produtores (plantas fotossintéticas), consumidores biófagos (animais) e decompositores saprófagos (microrganismos), vieram a constituir-se e, em consequência, um sistema de reversão (reciclagem) de elementos minerais passou a ter lugar na biosfera. Esses sistemas primitivos diversificaram-se paulatinamente à medida que as adaptações, em resposta às pressões seletivas, levaram a diversificações posteriores os nichos ecológicos, com aumento da produtividade e complexidade estrutural (Boughey, 1971).

Todas essas alterações qualitativas e quantitativas dos ecossistemas, ao longo das eras geológicas, correspondem a uma sucessão ecológica em longo prazo, que se poderia denominar sucessão paleoecológica. Nela, o equilíbrio é apenas aparente, uma questão de tempo. Pelo menos três cataclismos, o primeiro dos quais se deu há 500 milhões de anos e os demais a intervalos de aproximadamente 250 milhões de anos, modificaram substancialmente o clima, a topografia e o nível do mar, e, por isso, a estrutura orgânica dos ecossistemas (Dorf, 1966). Processos orogênicos, vulcanismo e séries de eras glaciais antecederam esses cataclismos, contribuindo, igualmente, para romper os equilíbrios estabelecidos até então.

A curto intervalo de tempo, mesmo dentro das eras geológicas passadas, o equilíbrio da natureza é apenas aparente. Flutuações locais de populações, quer de animais, quer de plantas, ocorrem a todo instante. A ideia que temos do equilíbrio ao nosso redor talvez seja devida a uma média subconsciente de muitas flutuações locais (Colinvaux, 1973). Basta dizer que o processo de sucessão ecológica é contínuo, e mesmo no estádio de clímax, onde a estabilidade é maior, a vegetação estará no máximo em equilíbrio dinâmico.

Parece-me que uma ideia mais precisa do que se poderia chamar equilíbrio dinâmico da natureza é obtida quando consideramos o ecossistema como a unidade estrutural e funcional básica da natureza. Dessa maneira, as comunidades integrantes do ecossistema são analisadas em função das suas inter-relações intrínsecas e das relações mútuas com o ambiente; o equilíbrio passa, então, a ser entendido como a estabilidade do sistema. Sistemas estáveis e instáveis ocorrem naturalmente ou por influência do homem. Atualmente, a ação humana sobre a natureza tem sido tão intensificada que somos forçados a reconhecer a existência de ecossistemas naturais e de ecossistemas controlados pelo homem, isto é, somos obrigados a separar o homem da natureza, embora ele seja parte integrante dessa mesma natureza.

Ecossistemas naturais

Observações meticulosas parecem favorecer a ideia de que ecossistemas mais complexos tendem a ser mais estáveis, ou seja, a estabilidade de um sistema aumenta quando o número de ligações tróficas nas teias alimentares aumenta proporcionalmente. Tais sistemas complexos tendem a se manter estáveis mesmo quando perturbados, o impacto das forças externas sendo dissipado entre as várias partes integrantes. Os sistemas simplificados, por sua vez, tendem à instabilidade, de maneira que forças perturbadoras externas não são facilmente dissipadas entre as suas poucas partes integrantes. As partes do ecossistema que promovem interações são espécies de animais e de plantas.

MacArthur (1955) procurou explicar matematicamente a estabilidade dos sistemas em função das interações predador-presa. Para ele, um sistema instável é aquele em que a abundância anormal de uma espécie produz repercussões e flutuações através de todo o sistema. Em termos mais quantitativos, sistemas em que uma espécie de predador alimenta-se de apenas uma espécie de presa têm estabilidade zero, e sistemas em que muitos predadores dividem entre si muitas espécies de presas têm grande estabilidade. Portanto, o aumento do número de espécies em cada nível trófico e o aumento do número de ligações tróficas resulta em aumento na estabilidade dos sistemas. Como a diversidade e as interações orgânicas aumentam dos polos para o trópico, deve-se esperar que haja maior estabilidade nos ecossistemas tropicais do que nos ecossistemas ártico e antártico. Isso parece realmente ocorrer, uma vez que as populações de predadores e presas do Polo Ártico flutuam violentamente, ao passo que há poucos registros de flutuações nas regiões tropicais. Embora pouca informação se tenha ainda sobre a ecologia nos trópicos, o trabalho de Wood (1971) com insetos florestais na Malásia sugere a grande estabilidade desses ecossistemas tropicais. Detalhes sobre o trabalho de Wood serão dados oportunamente.

Embora pareça matematicamente correto, como mostrou MacArthur, que o aumento das interações predador-presa esteja ligado à maior estabilidade dos sistemas, essa hipótese não pode explicar a estabilidade do sistema como um todo, uma vez que apenas dois níveis tróficos foram analisados. Além disso, é possível que outros fatores, como clima mais estável ou ausência de flutuações estacionais, sejam responsáveis pela estabilidade dos ecossistemas tropicais, em contraposição com as condições climáticas árticas.

A estabilidade envolvendo os ecossistemas como um todo, isto é, analisados com respeito a todas as comunidades interagindo com o ambiente físico, raramente foi pesquisada. Trabalhos clássicos como os de Bormann & Likens (1978), Likens & Bormann (1972) e Marks & Bormann (1972) aproximam-se bastante desse ideal. Para eles, a homeostase de um ecossistema (floresta caducifólia, no caso) está intimamente ligada a fluxos ordenados de nutrientes entre as frações biótica e abiótica do sistema e à produção e decomposição da biomassa. Esses processos integrados com o ciclo climático resultam em ciclos intrassistêmicos de nutrientes extremamente firmes, saída mínima de nutrientes e água e estabilidade máxima do ecossistema em termos da sua capacidade de resistir à erosão. A destruição da vegetação acarreta a destruição dessas ligações, resultando em maior fluxo de água, quebra de barreiras biológicas, erosão e transporte com saída grande de nutrientes. A volta às condições mais estáveis, por meio do processo de sucessão ecológica, dependerá da capacidade do ecossistema de suportar rebrota vegetativa. Se essa capacidade é pequena ou se o sistema foi levado a essa condição por interferência humana acentuada, a sucessão ecológica somente poderá restabelecer as condições naturais depois de passados muitos anos.

Agroecossistemas

Aos ecossistemas artificiais implantados pelo homem com o objetivo de obtenção de alimentos, fibras, bebidas, drogas medicinais, estimulantes etc. chamamos agroecossistemas. As características desses sistemas podem ser mais bem entendidas quando eles são considerados como constituídos por comunidades em processo de sucessão ecológica, ou seja, quando em processo de substituição sucessória ordenada de comunidades vegetais (e, consequentemente, animais) por outras que dependem, para o seu estabelecimento, das condições criadas pelas comunidades anteriores, ao longo do tempo.

O modelo de análise funcional e estrutural dos ecossistemas desenvolvido por Bormann & Likens (1978), e tratado linhas atrás, é aplicável, também, ao processo de sucessão ecológica. Assim, por exemplo, no caso particular de sucessão xerárquica, isto é, de sucessão em ambientes terrestres a partir de rochas desprovidas de vida orgânica até florestas, há progressivo aumento do volume funcional do ecossistema, com aumento do fluxo de nutrientes entre os diversos compartimentos do sistema, diminuição do volume de água perdido na forma de enxurrada e aumento na evapotranspiração (Figura 1). Nesses processos sucessórios, o volume funcional inicial do ecossistema é muito pequeno porque apenas musgos, líquens e uma fina camada de solo se fazem presentes. O compartimento orgânico é dado pela biomassa de poucas plantas, animais, microrganismos e uma pequena porção de matéria orgânica morta. Os nutrientes disponíveis acham-se limitados a alguns poucos existentes numa pequena interação solo-húmus; minerais secundários, como a argila, praticamente não existem. Em consequência dessas características, a absorção de nutrientes, a decomposição orgânica, a decomposição de rochas e a formação de minerais secundários são reduzidas. A saída de água é muito grande devido às enxurradas; a evapotranspiração é, portanto, bastante reduzida.

Com o desenvolvimento da sucessão xerárquica, o volume progressivamente aumenta, com os limites verticais de atividade biológica crescendo atmosfera acima (plantas mais altas como gramíneas e arbustos aparecem), e solo abaixo (o solo aumenta pela diminuição da rocha primária). Os componentes dos vários compartimentos, a biomassa viva, a matéria orgânica morta (inclusive húmus), os nutrientes disponíveis e os minerais secundários aumentam em quantidade. O fluxo de nutrientes passa a ser maior; o volume de água perdido nas enxurradas decresce e aumenta a evapotranspiração. No final, o ecossistema é uma floresta composta de comunidades mais diversificadas e estáveis, a homeostase advinda da existência de ciclos estáveis de nutrientes.

É realmente muito importante, a esse ponto, que o mecanismo de sucessão ecológica e as características das comunidades que se sucedem sejam explicados, para que se possa entender a natureza simplificada e instável dos agroecossistemas, responsável pelas erupções de pragas e doenças.

Uma explicação satisfatória e realística de sucessão ecológica é que qualquer perturbação favorece o estabelecimento de espécies oportunistas fugitivas, que são sempre gradualmente substituídas por espécies estáveis (Colinvaux, 1973). O que se observa no processo sucessório é a gradativa substituição de espécies pioneiras e oportunistas, dotadas de alta capacidade dispersiva e colonizadora de áreas descobertas, por espécies estáveis, mais persistentes, com menor capacidade dispersiva e menos adaptadas aos rigores de tais áreas. Dessa forma, a estratégia das espécies pioneiras está na utilização de grande suprimento energético para reprodução e dispersão em grandes áreas, em detrimento de especializações fisiológicas ou de comportamento. Como os habitats colonizados por essas espécies são de curta duração e imprevisíveis, e a estratégia de dispersão é muito cara em termos de energia consumida, a produtividade dessas primeiras comunidades precisa ser bastante alta, de maneira que estruturas dispendiosas como caules lenhosos e raízes excessivas não existem entre essas espécies pioneiras. Consequentemente, elas não são destinadas a competir por espaço, nem a se tornarem dominantes.

Espécies estáveis, em contrapartida, acham-se adaptadas à vida em ambientes mais duráveis e previsíveis. A estratégia é dirigida não tanto para a reprodução e dispersão rápida e ampla, mas para a construção de estruturas maciças e órgãos de armazenamento, que lhes conferem vantagens nas competições em longo prazo. As espécies estáveis mais extremas são aquelas do clímax, que venceram a competição por espaço, nutrientes, luz etc., com outras espécies às quais dominam.

Figura 1 – Sucessão ecológica em ambiente terrestre

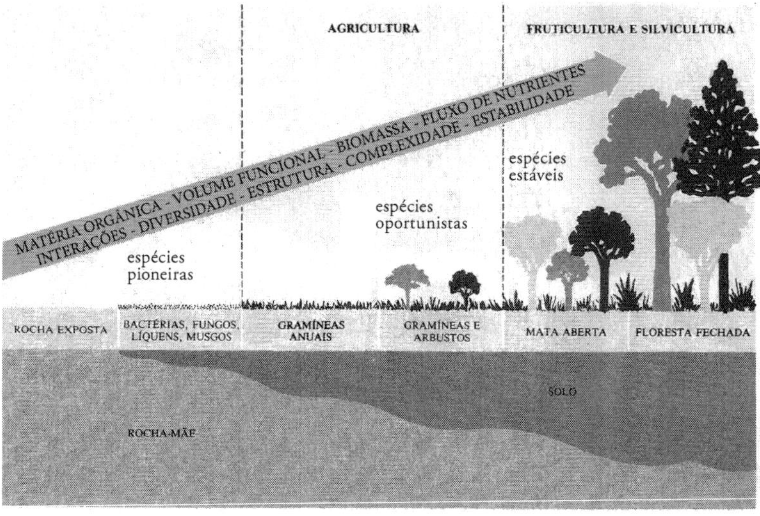

As espécies adaptadas às condições adversas (à esquerda) apresentam grande capacidade de colonização e dispersão, e usam a maior parte da energia na reprodução. À direita, onde a estabilidade é regra, predominam espécies capazes de vencer a competição por espaço, usando a maior parte da energia na parte vegetativa. Seg. Paschoal (1987).

Entre as espécies que são oportunistas extremas e as que são estáveis extremas há um *continuum* de diferentes estratégias. As espécies pioneiras e as plantas anuais são oportunistas extremas:

dispersam eficientemente, crescem rápido, e utilizam toda a energia na produção de sementes. Plantas perenes as substituem, dirigindo parte da energia para a formação de órgãos de armazenamento subterrâneos. Finalmente, arbustos e árvores estabelecem-se, quando então a energia é dirigida para a construção de estruturas para garantir espaço.

As comunidades dos primeiros estádios sucessórios são, então, constituídas por espécies oportunistas que atingem alta produtividade em virtude das suas estratégias dispersivas. Essa produtividade decresce posteriormente quando o clímax é alcançado. O ciclo de nutrientes é progressivamente estabilizado, principalmente devido ao desenvolvimento de um sistema radicular numeroso. A biomassa pequena dos primeiros estádios sucessórios cresce à medida que o ecossistema evolui em direção ao clímax e novas estruturas não produtivas aparecem. Consequente ao aparecimento dessas estruturas, há maior gasto energético na sua manutenção, resultando em acréscimo na respiração. A estrutura simples, monoestratificada das espécies oportunistas vai progressivamente sendo substituída por outra, mais complexa e multiestratificada. Finalmente, o número pequeno de espécies do início do processo sucessório cresce consideravelmente quando as condições se tornam mais estáveis.

A agricultura nada mais é do que a utilização pelo homem de espécies de plantas oportunistas, isto é, de plantas altamente produtivas que crescem bem e rapidamente em solos desnudos e não produzem excesso de estruturas não utilizáveis, como raízes, galhos etc. Essas plantas dirigem grande parte da energia fixada para a produção de estruturas reprodutivas, como grãos de cereais. Outras vezes as plantas utilizadas representam estádios posteriores ao das pioneiras, como aquelas que formam órgãos de armazenamento subterrâneo – batata, cenoura, mandioca etc. –, ou arbustos e árvores frutíferas, que representam estádios intermediários de sucessão, incapazes de sobreviver no clímax da floresta.

Ao derrubar as matas para implantar a agricultura, o homem remove sistemas ecológicos complexos, multiestruturados, extremamente diversificados e estáveis, levando o processo de sucessão ecológica aos primeiros estádios de imaturidade, simplicidade e instabilidade. Assim procedendo em amplas áreas, ele extingue muitas espécies estáveis do clímax florestal, substituindo-as por algumas poucas espécies oportunistas dos primeiros estádios sucessórios. Paralelamente a essa maciça extinção local de espécies de plantas, há extinções maciças locais de espécies de animais que se utilizavam dessas plantas como fontes de alimento ou abrigo. Por sua vez, muitos predadores desses animais desaparecem, também, por falta de alimentos. Reduzindo a biomassa, reduz-se, igualmente, as populações de microrganismos saprófagos dos solos.

No final, toda uma complexa e estável teia alimentar é destruída e substituída por cadeias alimentares simplificadas de alguns poucos produtores, herbívoros, carnívoros e decompositores. O que antes era um complexo de centenas de espécies de plantas passa agora a ser constituído por uma monocultura de milho, por exemplo, com seres herbívoros (algumas pragas), os predadores, parasitos, competidores e patógenos desses, e uma fauna e flora reduzida de biófagos e saprófagos dos solos. Outras plantas oportunistas (que o homem chama de ervas daninhas) tentam estabelecer-se no local, da mesma forma que algumas aves e mamíferos; mas o agroecossistema passa a comportar apenas algumas dezenas de espécies onde outrora existiam centenas ou milhares. Pelas técnicas modernas de supressão de competidores por meio de inseticidas, herbicidas, fungicidas etc., a simplificação do sistema é ainda mais intensificada.

Para o ecologista, isso é substituir estabilidade por instabilidade. Ao reduzir a diversidade e ao colocar juntas, a curta distância, plantas de uma mesma espécie e em extensas áreas, o homem favorece a reprodução e a sobrevivência de certos herbívoros, os quais, na presença de poucos competidores e inimigos naturais, vêm a constituir populações numerosas, passando a ser considerados pragas. Flutuações drásticas de populações, antes existentes apenas moderadamente, passam a ser frequentes com repercussões em todo o agroecossistema, havendo destruição das culturas. Os agricultores recorrem aos produtos químicos, reduzindo mais ainda a estabilidade do sistema pela morte dos inimigos naturais, e fazendo com que novas erupções de pragas voltem a ocorrer com maior intensidade.

Sanders (1968) e Slobodkin & Sanders (1969) postularam a hipótese da estabilidade-tempo segundo a qual locais de alta diversidade têm ambientes estáveis ou previsíveis, ao passo que locais de pequena diversidade são instáveis e imprevisíveis ou têm curta duração. Os agroecossistemas integram-se perfeitamente na segunda categoria. O aumento das interações predador-presa, da maneira preconizada por MacArthur (1955), de que tratamos linhas atrás, resulta em maior estabilidade para o sistema.

De maneira geral, e em virtude do que foi exposto até agora, parece não haver dúvidas que a diversidade conduz à estabilidade ou, em contrapartida, que a simplificação dos sistemas resulta em instabilidade.

ORIGENS DE PRAGAS

Há perto de um milhão de espécies de insetos descritas, das quais bem menos que 10% podem causar algum tipo de dano. A maioria dos insetos não compete por alimentos com o homem, não transmite doenças ou perturba o homem e seus animais domésticos, e não destrói plantas ornamentais, florestas, propriedades ou produtos armazenados. Em muitos casos eles são até úteis, sendo economicamente explorados pelos seus produtos como o mel e a seda, exercendo controle natural nos agroecossistemas ou fora deles, polinizando as flores e atuando na decomposição da matéria orgânica, como saprófagos. Nos Estados Unidos, calcula-se que 150 a 200 espécies causam frequentemente sérios prejuízos; 400 a 500 outras espécies podem causar sérios danos, dependendo das condições prevalecentes; e perto de 6 mil outras constituem pragas ocasionais, não causando, entretanto, danos severos.

O termo praga aplica-se a animais que são capazes de reduzir a quantidade ou a qualidade de alimentos, rações, forragens, fibras, flores, folhagens ou madeiras durante a produção, colheita, processamento, armazenagem, transporte ou uso; que podem transmitir doenças ao homem, aos animais domésticos e às plantas cultivadas; que injuriam ou perturbam o homem ou seus animais; que estragam plantas ornamentais, gramados ou essências florestais; ou que danificam propriedades ou objetos de uso pessoal (National Academy of Sciences, 1969). As injúrias causadas pelas pragas variam, portanto, de acordo com a natureza dos danos produzidos, com a sensibilidade humana para esses danos e com o número em que essas pragas se fazem presentes.

Três fatores parecem explicar o aparecimento de pragas na natureza: fatores econômicos, históricos e ambientes. Os fatores econômicos referem-se ao estabelecimento da agricultura, horticultura e silvicultura, principalmente como monoculturas, que por serem extremamente simplificadas são bastante instáveis e, portanto, sujeitas a flutuações drásticas, o que leva algumas espécies a assumir a categoria de pragas. Agrotóxicos não seletivos são também fatores econômicos ligados ao aparecimento de pragas, principalmente por causa dos desequilíbrios biológicos que causam.

Os fatores históricos referem-se à introdução de espécies exóticas em novos locais onde as condições são mais favoráveis devido à ausência dos inimigos naturais. Plantas exóticas introduzidas em novas regiões podem igualmente favorecer o aumento populacional de algumas espécies nativas, que se tornam pragas quando essas plantas são economicamente exploradas. O melhoramento genético de plantas com a finalidade de aumentar a produção resulta, muitas vezes, em maior sensibilidade ao ataque de algumas espécies, que se convertem em pragas. Práticas culturais e de armazenamento inadequadas favorecem aumentos populacionais de determinadas espécies, que passam a causar danos. Algumas vezes, certas espécies antes inócuas ou pragas secundárias evoluem para formas mais bem adaptadas geneticamente, passando a pragas de grande importância.

Os fatores ambientes são os fatores climáticos, que podem mudar criando condições mais favoráveis a determinadas espécies, quer pelo aumento da quantidade de alimento disponível, quer pelo aumento na reprodução e dispersão das espécies, quer por outros fatores como ausência de predadores, competidores, parasitos e patógenos, e migrações.

Agricultura e origem de pragas

Toda a discussão em que nos embrenhamos no capítulo anterior foi para evidenciar a grande instabilidade dos agroecossistemas. Resta agora mostrar como esses sistemas determinam erupções de pragas.

A agricultura, o pastoreio e a domesticação de animais devem ter sido iniciados há 10 mil anos, na chamada Revolução Neolítica. O centro original da agricultura foi provavelmente o Crescente Fértil, região que hoje forma o Oriente Próximo e o Oriente Médio. Essa área atualmente semidesértica, coberta por arbustos, foi outrora densas florestas e savanas (Reid *et al.*, 1974). Os povos que lá existiam eram nômades e viviam da caça e de frutos silvestres. O trigo e a cevada ocorriam na região em estado selvagem e eram colhidos apenas em certas épocas do ano.

A ideia de semear para garantir suprimento adequado e contínuo de alimentos foi revolucionária, fixando o homem ao solo e assim iniciando a agricultura. As técnicas de cultivo logo se aprimoraram e se difundiram. A população humana cresceu significativamente pela primeira vez na história, devido à abundante alimentação. Repetidas vezes ocorreram migrações de povos famintos para essas áreas. As técnicas foram levadas para a Ásia e a Europa.

Na Europa, desenvolveu-se uma sociedade mista de cultivadores e criadores, cuja técnica era derrubar as florestas e plantar trigo e cevada, reservando áreas para pastagem. Quando o solo se exauria dos nutrientes, eles se mudavam para novas regiões, repetindo o processo, deixando que a floresta se regenerasse nas áreas previamente colonizadas. Outros cereais, como a aveia e o centeio, foram plantados mais ao Norte da Europa devido ao frio. Leguminosas, como lentilha, ervilha, soja e feijão, foram cultivadas para garantir suprimento proteico, quando as sociedades mistas de cultivo e criação deram lugar às sociedades hidráulicas, dotadas de alta técnica de aproveitamento de água para as culturas.

No Novo Mundo, a agricultura desenvolveu-se espontaneamente e de modo independente daquele do Velho Mundo, cultivando-se o milho como principal produto. Povos antigos como os incas e os astecas desenvolveram agriculturas irrigadas de grande eficiência. Nos trópicos, entretanto, as técnicas agrícolas requeriam modificações. Os solos se exauriam rapidamente, com perdas aceleradas de minerais e de húmus. As árvores eram derrubadas, secadas ao sol e depois queimadas antes da época das chuvas. O solo era a seguir tratado e cultivado, a cinza das madeiras servindo para enriquecê-lo. Na maioria das vezes, essa agricultura era feita consorciando-se milho, feijão (que se utiliza do milho como suporte) e abóbora (que preenche o espaço entre os pés de milho e protege o solo das chuvas). Também era do tipo nômade, sendo uma área cultivada por três a quatro anos e depois abandonada, regenerando-se a floresta em dez ou 20 anos.

As sociedades hidráulicas do Crescente Fértil representam o início da civilização humana, com uma complexa organização social dividida entre uma comunidade cultivadora, rural, e outra consumidora, urbana. Essa divisão foi possível quando a produção agrícola tornou-se maior do que a necessidade de consumo dos grupos produtores, surgindo, em consequência, a estocagem e a troca de mercadorias por meio do comércio. Grandes cidades surgiram ao longo dos rios Tigre e Eufrates, na Mesopotâmia, e ao longo do Vale do Nilo, no Egito. Essas grandes civilizações acabaram extinguindo-se quando, por motivos de constantes guerras, salinização dos solos agrícolas e periódicas enchentes, a agricultura tornou-se improdutiva e insuficiente para a demanda local. No Peru e no México, as sociedades hidráulicas acabaram-se devido aos colonizadores europeus.

O êxito continuado da agricultura na Europa é atribuído a uma bem sucedida relação entre o homem e o solo. Por serem argilosos, os solos europeus tendem a se enriquecer com desmatamentos e aração anual. Em contrapartida, a agricultura mista de cultivo e criação garantia adubo orgânico animal em quantidade. Essas técnicas falharam totalmente na América e na África, quando os europeus lá tentaram aplicá-las, substituindo as práticas nativas, que consideravam obsoletas. Erosões incontroláveis provocaram o abandono total de grandes áreas agrícolas, pela perda da fertilidade dos solos. Densas áreas jamais retornaram ao clímax florestal, permanecendo improdutivas e irrecuperáveis, o que levou o homem ao nomadismo e à exploração de novas regiões. Para isso também muito contribuiu o pastoreio excessivo dos animais domésticos introduzidos.

A agricultura somente salvou-se com o advento da Revolução Industrial, iniciada na Inglaterra em 1780. Essa revolução certamente impôs uma mudança radical no *status* ecológico do homem. Por substituir o limitado poder da sua força muscular pelo poder aparentemente sem limites das máquinas, o homem transformou sua capacidade de interferir com os processos naturais, tanto nos campos como nas cidades.

A mecanização agrícola foi um passo no desenvolvimento dos fertilizantes artificiais, pois, com a substituição dos animais pelas máquinas, os estrumes deixaram de ser incorporados ao solo. A importância dos fertilizantes é tão grande hoje que se calcula uma quebra de um quarto na produção agrícola americana se esses fertilizantes não pudessem mais ser usados. Inseticidas, herbicidas, fungicidas e desfolhantes vieram a aparecer no século XX. As práticas culturais foram muito mais aperfeiçoadas; as monoculturas estenderam-se em amplas áreas e a agricultura tornou-se um empreendimento puramente econômico e de alto rendimento.

O trigo e a cevada, que existiam em estado selvagem no Crescente Fértil, por certo abrigavam populações de insetos fitófagos, sem que fossem, contudo, por eles muito danificados. A razão disso era: a) a existência de um intricado mecanismo homeostático compreendendo um ajustamento evolutivo, de longo tempo, entre as plantas e os insetos; b) uma ação balanceadora determinada pelos inimigos naturais, competidores e patógenos desses fitófagos; e c) uma diversidade maior desses ecossistemas, com a presença de numerosas outras plantas, animais e microrganismos nas teias alimentares desses insetos. O resultado final de todas essas interações era ecossistemas estáveis, sem a existência de flutuações bruscas e continuadas das populações dos insetos e, portanto, sem a existência de pragas.

Ao estabelecer plantações uniformes de trigo e de cevada e, portanto, ao iniciar a agricultura, o homem rompeu os vínculos milenares que mantinham as populações dos insetos fitófagos sob controle. As primeiras pragas então surgiram, favorecidas pela abundância de alimentos disponíveis nos agroecossistemas, o que lhes permitiu reproduzirem mais intensamente, e ainda pela redução do número de inimigos naturais, competidores e patógenos, o que possibilitou maior sobrevivência das suas proles nesses sistemas.

A abundância de alimentos, que favorece a reprodução dos artrópodes nos agroecossistemas, advém da própria natureza das plantas que os produzem, ou seja, plantas oportunistas altamente produtivas, e do fato de o homem colocar lado a lado plantas da mesma espécie, eliminando todas as outras que concorreriam por nutrientes, espaço e luz. Mais recentemente, e ao longo da história das culturas, incluiríamos os melhoramentos genéticos para maior produtividade, que quase sempre resultam em enfraquecimento das plantas à ação dos animais fitófagos. A seleção natural e a evolução atuaram no sentido de prover as plantas de mecanismos de defesa contra ataques dos herbívoros, principalmente dos insetos. Muitas plantas podem tornar não disponíveis as suas proteínas e carboidratos, pela deposição de tanino, pela produção de sementes muito pequenas e pela neutralização das enzimas digestivas dos herbívoros (Ricklefs, 1973). Podem também revestir-se de espinhos e tecidos resistentes, ou ainda elaborar produtos que têm efeito inseticida, como rotenona, piretrina, nicotina, estricnina, aletrina, anabasina, sabadilha etc. Os melhoramentos genéticos dirigidos para a produção e a qualidade dessas plantas, ou dos seus produtos, certamente comprometem e reduzem esses mecanismos de resistência, tornando as plantas mais vulneráveis à ação dos seus predadores. Como o melhorador de plantas não consegue aumentar a eficiência fotossintética das plantas (que varia de 0,01% a 2%) resta-lhe o recurso de desviar a energia que elas colocam em sua parte vegetativa para a parte reprodutiva, o que, infalivelmente, as tornam mais propensas à ação de pragas e de patógenos, e menos competitivas com plantas invasoras.

    A diminuição do número dos agentes biológicos de controle natural nos agroecossistemas dá-se em virtude da simplificação imposta a esses sistemas. Parasitos, predadores, competidores e mesmo patógenos formam, com seus hospedeiros herbívoros, complexas teias alimentares nos ecossistemas naturais, o que explica a grande diversidade de formas e a estabilidade desses sistemas. As culturas agrícolas nada mais representam do que estádios iniciais de sucessão ecológica, onde a diversidade é pequena e, portanto, o número de nichos ecológicos possíveis à vida animal é menor. Usualmente, os agroecossistemas contêm poucas espécies que são mais comuns ou dominantes e numerosas outras que são menos frequentes ou raras. Em culturas de maçãs, nos Estados Unidos, calcula-se a proporção de cinco espécies principais para 150 espécies secundárias (National Academy of Sciences, 1969). Nas erupções de pragas, geralmente apenas uma espécie, das espécies mais comuns, acha-se presente em grande número, sendo que as populações das demais espécies são tão baixas que as amostragens se tornam até difíceis. Isso poderá não ser totalmente verdadeiro para as condições tropicais onde se espera encontrar, mesmo nos agroecossistemas, diversidade bem maior. Consequentemente, o estudo de erupções de pragas nos agroecossistemas é, na realidade, o estudo de uma espécie em relação aos fatores de controle natural, ou em relação aos fatores criados pelo homem superpostos aos fatores de controle natural.

Os fatores responsáveis pela redução do número ou da eficiência dos agentes bióticos reguladores nos agroecossistemas estão ligados (Figura 2): a) às características intrínsecas desses organismos, isto é, capacidade e modo de reprodução, plasticidade genética, capacidade de localizar presas, tolerância fisiológica etc.; b) às características extrínsecas do ambiente físico e biológico desses sistemas, isto é, condições climáticas e meteorológicas, barreiras geográficas, hiperparasitas, predadores, competidores e patógenos; c) e às características extrínsecas do ambiente, isto é, disponibilidade de abrigos contra intempéries e inimigos naturais, disponibilidade de alimentos suplementares e alternativos, outros hospedeiros, práticas culturais impostas pelo homem, substâncias tóxicas em forma de inseticidas, herbicidas, fungicidas etc., e assincronia entre as espécies entomófagas e as espécies fitófagas (National Academy of Sciences, 1969).

Os agroecossistemas primitivos e aqueles que hoje ainda carecem de tecnologia avançada mantinham e mantêm certo grau de diversidade, em contraposição aos agroecossistemas atuais, principalmente as monoculturas dos países altamente industrializados.

Algumas espécies de reguladores naturais (a existência de 30 ou 40 espécies por hospedeiro não é incomum) lograram sucesso nesses sistemas artificiais, principalmente aquelas já adaptadas às condições de maior instabilidade dos primeiros estádios de sucessão ecológica, de que a agricultura é um reflexo e, portanto, dotadas de características com alta capacidade reprodutiva, alta plasticidade genética, alta capacidade dispersiva e de localização das presas, e alta tolerância fisiológica. Claro está que muitas adaptações devem ter sofrido através de milênios de seleção natural e evolução, de maneira a superar as condições ambientes intrínsecas e extrínsecas prevalecentes nos agroecossistemas.

Hoje sabemos perfeitamente que a falha dos inimigos naturais em controlar as populações dos insetos e ácaros fitófagos deve-se às suas características hereditárias ou a algum fator ambiente. Exemplos desses casos podem ser encontrados em Debach (1974), Van Den Bosh & Messenger (1973), Huffacker (1971) e National Academy of Sciences (1969).

É interessante notar que nos agroecossistemas as comunidades tanto de produtores (plantas cultivadas e ervas invasoras) quanto de herbívoros (insetos e ácaros fitófagos) e de carnívoros (predadores e parasitos) parecem utilizar-se da mesma estratégia para a sobrevivência. Como esses sistemas são instáveis e imprevisíveis, tanto as plantas quanto os fitófagos e os predadores e parasitos são do tipo oportunista, ou estrategistas r como os denominaram MacArthur & Wilson (1967). Nesses ambientes temporários, de curta duração, a mortalidade é grande devido a fatores que independem da densidade (Gadgil & Solbrig, 1972).

Figura 2 – Fatores intrínsecos e extrínsecos que atuam sobre as espécies determinando seus números

FATORES EXTRÍNSECOS
- Predadores
- Parasitos
- Competidores
- Patógenos

FATORES EXTRÍNSECOS
- Luminosidade
- Umidade
- Temperatura
- Radiações
- Vento
- Vibrações
- Gravidade
- Abrigo
- Contato

FATORES EXTRÍNSECOS
- Água
- Solo
- Nutrientes
- Oxigênio
- Atraentes
- Repelentes
- Armadilhas
- Inseticidas

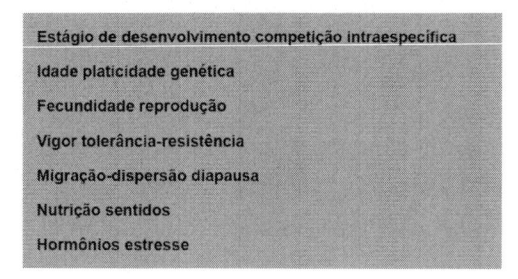

FATORES INTRÍNSECOS
- Estágio de desenvolvimento competição intraespecífica
- Idade plasticidade genética
- Fecundidade reprodução
- Vigor tolerância-resistência
- Migração-dispersão diapausa
- Nutrição sentidos
- Hormônios estresse

Seg. Paschoal (1983). O desenho dos insetos (larva, pupa e adulto) foi adaptado de Ruppert & Barnes (1996)

Espécies que apresentam grande tolerância fisiológica, para resistir às perturbações físicas regulares ou irregulares do ambiente; que têm alto potencial reprodutivo, para se estabelecerem rapidamente logo após as perturbações; e que dispõem de grande capacidade dispersiva, para a localização rápida de novos habitats ou hospedeiros (quando as condições locais tornam-se desfavoráveis), são espécies que confiam em manter alta a razão intrínseca de crescimento (r), para fazer uso total dos habitats ou hospedeiros, antes que outros organismos competidores o façam. As condições desses sistemas artificiais instáveis determinam que as populações de todos os organismos presentes estejam sempre, a qualquer momento, na parte ascendente das curvas logísticas de crescimento. Sob tais condições extremas, genótipos na população com alto r seriam favorecidos por seleção. Menos vantajoso seriam genótipos para competir em condições de excesso populacional (quando $N = K$ ou próximo a ele; N = número de indivíduos na população e K = capacidade de suporte do meio) (Wilson & Bosserl, 1971).

Em condições mais estáveis, ao longo do processo de sucessão ecológica (que o homem impede nos agroecossistemas eliminando concorrentes, como ervas invasoras e herbívoros), toda a comunidade de estrategistas r vai sendo substituída por outra de estrategistas k, ou seja, por comunidades de populações de espécies selecionadas para maior competitividade, isto é, que garantem um local ou hospedeiro e extraem dele as substâncias necessárias à vida. Plantas do clímax florestal, as pragas florestais e os predadores e parasitos dessas pragas são estrategistas k, que vivem em ambientes mais estáveis e de longa duração. Essas plantas e animais são altamente especializados, sendo que os genótipos k, capazes de manter em equilíbrio as mais densas populações, são favorecidos e selecionados.

Com o domínio dos estrategistas k nos sistemas mais estáveis, os estrategistas r (plantas, animais fitófagos e inimigos desses) somente encontram condições de sobrevivência nos refúgios às margens das comunidades dominantes, onde as condições físicas são mais severas, ou mais internamente nos locais sujeitos a perturbações periódicas, que eliminam os estrategistas k criando oportunidades para os estrategistas r aumentarem suas populações antes da recuperação dos seus competidores. É claro que a eliminação de florestas para o estabelecimento de agricultura favorece esses estrategistas r, quer plantas (ervas invasoras), quer fitófagos (insetos, ácaros etc.), quer predadores e parasitos desses. Esse é um ponto fundamental que se deve ter sempre em mente ao planejar um manejo racional de pragas nos agroecossistemas.

Há referências a pragas agrícolas e a controle químico datando de 3 mil anos atrás, encontradas nas escrituras dos gregos, romanos e chineses, o que comprova a existência desses problemas já nos primórdios da agricultura. As primeiras concentrações humanas nas cidades, quando a estocagem de produtos agrícolas foi possível, favoreceram sobremaneira a disseminação de doenças humanas transmitidas por animais vetores. Tal é o caso, por exemplo, da esquistossomose no Egito dos faraós.

Com exceção das pragas de gafanhotos, que têm devastado indiscriminadamente áreas cultivadas e naturais por milênios, as pragas agrícolas só se tornaram problema econômico sério nos dois últimos séculos. Antes, a maior parte das áreas agrícolas do mundo era formada por pequenas fazendas nas quais se cultivavam dezenas de culturas. Como a maioria das pragas ataca apenas um tipo de planta (frequentemente apenas uma espécie), os estragos produzidos eram apenas de importância local, restritos a pequenas áreas, quase nunca de âmbito regional. A partir da Revolução Industrial, porém, as técnicas agrícolas mudaram substancialmente, com maior número de áreas sendo transformadas para a agricultura e com extensas áreas plantadas com uma única espécie de planta. A expansão da agricultura, da horticultura e da silvicultura, as monoculturas, o melhoramento genético de plantas para maior produção e melhor qualidade dos seus produtos, os métodos culturais e de armazenamento em condições insatisfatórias, o comércio e o uso de agrotóxicos agravaram, substancialmente, o problema das pragas nos agroecossistemas de todo o mundo.

Um exemplo clássico de erupções de pragas devido a mudanças nos agroecossistemas é o de Israel (National Academy of Sciences). Durante o período 1950-1965, os sistemas agrícolas de Israel passaram por substancial mudança, de práticas primitivas para modernas, mecanizadas. Embora as mudanças tenham afetado grande número de espécies, as lagartas pragas do milho e de outras gramíneas servem para ilustrar bem o problema. Antes da introdução dos projetos de irrigação em larga escala, o sorgo era o principal cereal de verão, o milho sendo plantado em pequenas hortas e nos bordos das plantações de melão, exclusivamente para o consumo humano. A irrigação possibilitou o cultivo em áreas maiores, a produção durante todo o verão e a introdução de novas culturas. Atualmente, 12 espécies e diversas variedades de gramíneas são cultivadas, para grãos, pastagem, forragem e usos industriais.

Em 1930, havia duas espécies de lepidópteros de grande importância como pragas de verão: *Sesamia cretica* e *Spodoptera exigua* (lagarta-do-cartucho). Oito outras espécies eram encontradas nos cereais, mas nenhuma foi considerada como de importância econômica. Em 1963, drástica mudança ocorreu na conjuntura dessas espécies. *Sesamia cretica* tornou-se mais importante, pois as condições permitiram o desenvolvimento de três gerações por ano, em vez de uma. *Spodoptera exigua* e mais três outras existentes no local permaneceram inalteradas.

Três espécies de *Chilo* não mais foram encontradas, mas *Chilo agamemnon*, referida pela primeira vez em 1959, tornou-se a mais importante praga dos cereais. Outra espécie, do gênero *Chilotraea*, tornou-se tão abundante e tão séria que não mais foi possível plantar arroz nos alagadiços de Hula. Três outras espécies foram acidentalmente introduzidas e tornaram-se pragas potenciais, amplamente distribuídas.

Comércio e origem de pragas

Desde muito tempo, o homem tem levado consigo animais e plantas em suas viagens e migrações. Com a agricultura e a domesticação de animais, muitas espécies de plantas agrícolas e de animais domésticos foram introduzidas deliberadamente na Europa, Ásia e Austrália. Outras acabaram sendo importadas acidentalmente, como ratos, camundongos, parasitos e patógenos. Os europeus foram os que mais se destacaram como introdutores de animais e plantas em novos habitats, atividade essa iniciada com as grandes navegações do século XV. Hoje em dia, tal é a distribuição generalizada dos organismos que a determinação dos locais de origem torna-se realmente problemática. Vavilov (1951), *apud* Wilsie (1962), conseguiu determinar a existência de oito prováveis centros de origem das plantas cultivadas; contudo, persiste a dúvida sobre se estes centros não são apenas centros de grande diversidade.

A sobrevivência de uma espécie exótica em um novo habitat depende de muitos fatores, dentre os quais se destacam, pela maior importância, a disponibilidade de alimentos e a presença ou ausência de predadores, parasitos, patógenos e competidores. Se o alimento é escasso ou difícil de conseguir devido à competição, e se os inimigos naturais autóctones se adaptam com relativa facilidade aos novos hospedeiros, as espécies exóticas não têm oportunidade de sobreviver. Se, por outro lado, o alimento é abundante e os inimigos naturais se acham ausentes, essas espécies se reproduzem rapidamente constituindo altas populações e adquirindo características de pragas.

Muitos exemplos existem na literatura de animais e plantas que se tornaram pragas quando introduzidos em novas áreas. Elton (1958), em seu clássico livro sobre a ecologia das invasões por animais e plantas, é uma boa fonte de referências. Huffaker (1971) cita, também, vários e importantes exemplos.

Entre os vertebrados, temos o caso dos coelhos, originários da região mediterrânica, que foram introduzidos na Inglaterra e daí na Austrália e Nova Zelândia. As populações desses roedores assumiram proporções alarmantes a partir de 1859, ocupando mais de dois terços da Austrália e grande parte da Nova Zelândia. A razão dessa explosão populacional foi a ausência dos inimigos naturais e a grande capacidade reprodutiva desses animais. A introdução da raposa europeia na região, em 1868, resultou em desastre maior, pela redução drástica das populações de muitas aves nativas e marsupiais, sem que o problema dos coelhos fosse resolvido. O pastoreio excessivo causado por esses roedores chegou a reduzir a população de ovelhas de 15 milhões, em 1891, para 7 milhões, em 1950 (Reid *et al.*, 1974). Somente a introdução de uma doença virótica, chamada mixomatose, foi capaz de reduzir as populações dos coelhos em 80 a 90%. Hoje, porém, as populações crescem novamente porque se tornaram resistentes ao vírus.

Entre as plantas, o cacto da América do Sul, *Opuntia inermis*, introduzido na Austrália no final do século XIX, é um bom exemplo. Por volta de 1925, essa planta ocupava 24 milhões de hectares de pastos, reduzindo drasticamente as populações de ovelhas, que não a comiam. A solução foi encontrada com a importação de um inimigo natural, *Cactoblastis cactorum*, existente na Argentina. As lagartas dessa mariposa adaptaram-se tão bem que, em poucos anos, as pastagens da Austrália estavam livres do indesejável cacto e os criadores de ovelhas puderam prosperar novamente. Hoje as populações do cacto e da mariposa acham-se extremamente reduzidas e de certa forma equilibradas.

Com exceção de certas espécies de insetos usados para controle biológico e de insetos domesticados, como a abelha e o bicho-da-seda, quase todas as importações de invertebrados foram acidentais. Os artrópodes que comumente vivem em alguma forma de associação com o homem, tais como aranhas caseiras, carrapatos, piolhos, moscas e mosquitos, e outros que se associam às plantas cultivadas e aos animais domésticos, são mais passíveis de importações acidentais. O pequeno tamanho desses artrópodes e o grande avanço conseguido nos meios de transporte, principalmente na aviação, impõem constantes vigílias para evitar o estabelecimento de pragas novas nos agroecossistemas de todos os países. Nos Estados Unidos calcula-se que mais de 50% das mais sérias pragas existentes no país sejam exóticas (National Academy of Sciences, 1969). De uma lista de 28 pragas identificadas nos Estados Unidos (Glass, 1975), 17 são exóticas (60,7%) e 11 são nativas (39,3%).

Um dos exemplos mais famosos de praga importada ocorreu no Brasil, em 1929 (Elton, 1958). Nesse ano, alguns mosquitos africanos chegaram acidentalmente ao nordeste do país, provavelmente trazidos a bordo de um navio francês proveniente de Dacar. Esses mosquitos estabeleceram pequenas colônias no litoral do Ceará, e epidemias de malária começaram a ser notadas em algumas cidades, atingindo praticamente todas as pessoas. Em pouco tempo, os insetos espalharam-se pelo litoral e penetraram 320 km pelo interior do estado, causando uma das piores epidemias que o Brasil conheceu, com perto de 20 mil mortes em pouco mais de seis meses. O mosquito, *Anopheles gambiae*, tinha características de comportamento diferentes das espécies nativas, uma vez que reproduzia em lagoas ensolaradas, fora das matas, e voava regularmente para as habitações humanas. Essas foram razões biológicas suficientes para o desastre. Uma bem montada campanha do governo brasileiro e da Fundação Rockefeller conseguiu erradicar o *Anopheles gambiae* do continente sul-americano em três anos.

Por volta de 1880, a indústria de citros na Califórnia esteve ameaçada de paralisar suas atividades devido ao aparecimento de uma cochonilha, *Icerya purchasi*, provavelmente importada acidentalmente da Austrália. Somente a descoberta nesse país de um eficiente predador, a joaninha *Rodolia cardinalis*, salvou a citricultura da Califórnia. Pouco tempo após a sua introdução nos Estados Unidos, as plantas cítricas estavam virtualmente livres da cochonilha. No Brasil, o pulgão-branco (*Icerya purchasi*), acidentalmente introduzido no estado de São Paulo, tornou-se uma das mais importantes pragas dos citros (Giannotti, 1972). A introdução de *Rodolia cardinalis*, a joaninha-australiana, nos pomares de citros de São Paulo resultou em controle comparável àquele obtido nos Estados Unidos e em outros países.

A cafeicultura brasileira sofreu tremendo impasse, por volta de 1924, quando a broca-do-café, *Hypothenemus hampei*, foi descoberta no país, provavelmente trazida de Java ou da África em partidas de sementes de café. No período de 1924 a 1948, a economia cafeeira paulista esteve abalada, assim como a dos outros estados cafeeiros. Várias outras pragas foram introduzidas posteriormente.[1] Todos os exemplos levam à conclusão que a ausência dos inimigos naturais, que são os elementos bióticos reguladores, deixados para trás nos países de origem das espécies exóticas, é o principal fator que explica o desequilíbrio havido nas populações dessas pragas. Espécies autóctones, em contrapartida, podem ser elevadas à categoria de pragas quando influenciadas por fatores que com-

---

[1] De 1900 a 2012 vinte e quatro espécies de insetos foram introduzidas no Brasil, constituindo-se nas mais importantes pragas agrícolas do país (Oliveira *et al.*, 2012). De 1900 a 1929: cochonilha-pardinha (*Selenaspidus articulatus*), mosca-das-frutas (*Ceratitis capitata*), broca-do-café (*Hypothenemus hampei*), mosca-branca (*Bemisia tabaci*), traça-da-batatinha (*Phthorimaea operculella*), mariposa-das-maçãs (*Cydia pomonella*), traça-das-crucíferas (*Plutella xylostella*), mosca-oriental (*Grapholita molesta*). De 1930 a 1967: gorgulho-do-arroz (*Oryzophagus oryzae*), broca-do-eucalipto (*Phoracantha semipunctata*) e mosca-do-sorgo (*Stenodiplosis sorghicola*). De 1975 a 1988: percevejo-das-gramíneas (*Blissus leucopterus*), traça-do-tomateiro (*Tuta absoluta*), bicudo-do-algodoeiro (*Anthonomus grandis*), broca-da-haste-do-algodão (*Conotrachelus denieri*) e a vespa-da-madeira (*Sirex noctilio*). No período de nove anos, entre 1992 e 2001, oito novas espécies foram introduzidas: mosca-da-panícula-da-mangueira (*Erosomyia mangiferae*), tripes-das-hortaliças (*Thrips palmi*), mosca-da-carambola (*Bactrocera carambolae*), larva-minadora-dos-citros (*Phyllocnistis citrella*), mosca-do-figo (*Zaprionus indianus*), mosca-negra-dos-citros (*Aleurocanthus woglumi*), cochonilha-do-capim (*Dactylopius opuntiae*) e o besouro-das-coníferas (*Sinoxylon conigerum*). O ácaro-vermelho-das-palmeiras (*Raoiella indica*) foi introduzido no Brasil em 2009 (Teodoro *et al.*, 2016) causando enorme prejuízo no coqueiro em vários estados produtores. Descrito em 1924 na Índia, chegou à África em 1958 (34 anos depois), à Ásia (Oriente Médio) em 1983 (25 anos depois), à América Central (Ilhas Martinica e Caribe) em 2004 (16 anos depois), e em um período de três a quatro anos chegou à América do Norte (EUA-Flórida e México) e à América do Sul (Colômbia, Venezuela) em 2007, para finalmente estabelecer-se no Brasil em 2009.
A mais recente espécie de inseto introduzida no Brasil, a mariposa *Helicoverpa armigera*, detectada em março de 2013, mas provavelmente introduzida antes de outubro de 2008 (Sóza-Gomez *et al.*, 2016) tem causado danos de monta, principalmente nas grandes monoculturas de soja, milho e algodão.

binam aumento de alimentos disponíveis, pela introdução de plantas exóticas, e redução da eficiência dos inimigos naturais. Aconteceu assim com um inseto, a mariposa *Epiphyas postvittana*, na Austrália (Clark *et al.*, 1970). Em virtude da introdução de várias plantas frutíferas no ambiente da mariposa, houve um acréscimo na disponibilidade de alimentos, o que permitiu abundância de folhagem nova no verão, isto é, na época em que suas populações decresciam muito, por existirem apenas as folhas velhas das plantas nativas. Esses insetos passaram então a constituir altas populações nas plantas frutíferas durante todo o verão. A redução do número dos seus inimigos naturais, principalmente devido aos agrotóxicos não seletivos, contribuiu para torná-los uma das mais sérias pragas das macieiras no Sudeste da Austrália (Geir, 1965).

Agrotóxicos e origem de pragas

A Revolução Industrial contribuiu significativamente para alterar as práticas agrícolas e a sensibilidade humana em termos da qualidade dos produtos dos agroecossistemas. Essas mudanças certamente muito tiveram a ver com problemas de pragas. Já foi indicado como certas práticas culturais e melhoramentos genéticos para maior produtividade e qualidade contribuíram para o aparecimento ou agravamento de algumas pragas. A necessidade de produtos padronizados para atender às exigências das indústrias fez com que algumas espécies, antes inexpressivas pelos danos causados, passassem a ser consideradas daninhas. Mudanças sociais e econômicas impuseram restrições a muitas espécies inofensivas, por serem repugnantes, incômodas ou indesejáveis. Clark *et al.* (1970) citam o caso de alguns municípios dos Estados Unidos onde se pulverizam plantas que fornecem sombra, para dar combate a pulgões que sujam os carros com os seus dejetos.

Mas foram os produtos químicos introduzidos nos agroecossistemas que vieram causar os mais sérios problemas com pragas. Embora haja suspeitas de que alguns elementos presentes nos fertilizantes minerais tenham efeitos favoráveis no aumento das populações de algumas espécies, por exemplo, o nitrogênio em ácaros fitófagos, há necessidade de estudos mais detalhados sobre o assunto. Por isso, toda a ênfase será dada aos agrotóxicos.[2]

Os agrotóxicos, e em particular os organossintéticos, são os mais poderosos instrumentos humanos de simplificação e, consequentemente, de instabilidade dos ecossistemas, principalmente por causa dos desequilíbrios biológicos provocados. A realidade é que os agrotóxicos são muito mais prejudiciais aos inimigos naturais do que às próprias pragas. Há várias razões para isso.

Em primeiro lugar, as populações dos inimigos naturais são menores do que as populações das pragas de que se alimentam, isso porque os inimigos naturais ocupam um nível trófico mais elevado na teia alimentar, onde a disponibilidade energética é menor em comparação com o nível explorado pelos herbívoros. Isso explica porque há menos predadores e parasitos do que há presas. Quando um agrotóxico não seletivo é aplicado para o combate a uma praga fitófaga, há mortandade maior de preda-

---

[2] Fertilizantes minerais solúveis, especialmente os nitrogenados, e grande parte dos agrotóxicos sintéticos, quando absorvidos pelas plantas interferem na sua bioquímica, diminuindo a síntese de proteínas, levando ao acúmulo de substâncias solúveis na seiva e no suco celular (nitrogênio livre, aminoácidos e açúcares redutores), provocando erupções de espécies sugadoras (pulgões, cochonilhas, ácaros fitófagos, nematoides, organismos patogênicos etc.), que, por sua natureza, dependem de compostos solúveis, uma vez que são incapazes de desdobrar proteínas vegetais para gerarem suas próprias proteínas. Plantas em equilíbrio nutricional, como aquelas que crescem em solos vivos, ricos em matéria orgânica, sem o impacto dos agrotóxicos sintéticos e dos adubos nitrogenados solúveis, resistem mais aos ataques de pragas e de patógenos (doenças), fundamento da Teoria da Trofobiose de Chaboussou (2012).

dores e parasitos do que de pragas, simplesmente porque aqueles existem em menor número. Assim, indivíduos das populações mais numerosas têm maior chance de sobreviver. Não é necessário, contudo, que todos os predadores ou parasitos morram: basta uma redução drástica que dificulte a localização do sexo oposto na reprodução, ou problemas genéticos devidos a cruzamentos somente entre indivíduos de uma mesma população, para que algumas espécies se extingam (Ehrlich & Ehrlich, 1972).

Outra razão é que, nas populações reduzidas das espécies predadoras e parasitas, há menor variabilidade genética do que nas grandes populações das pragas. Genes para resistência a produtos químicos são mais facilmente transmitidos às novas gerações nas populações das pragas e menos nas dos inimigos naturais, isso porque a probabilidade de sobrevivência de um indivíduo portador de genes para resistência é maior nas populações da praga. A população residual desses indivíduos com genes para resistência aumenta substancialmente na ausência dos seus inimigos naturais (Ehrlich & Ehrlich, 1972).

Uma terceira razão advém do fato de as espécies fitófagas terem adquirido, ao longo de milênios de seleção natural e evolução, certa resistência aos produtos químicos elaborados pelas plantas como defesa contra os ataques dos herbívoros. Muitos desses produtos são inseticidas, sendo inclusive extraídos de plantas, como a nicotina (do fumo) e piretrinas (de flores). Não é, pois, difícil de entender por que razão muitos insetos desenvolveram resistências a vários produtos com que o homem os quer exterminar. Por não sofrerem esse tipo de pressão seletiva, os predadores e parasitos não apresentam resistência como mecanismo pré-adaptativo, sendo, portanto, mais sensíveis aos agrotóxicos.

O uso de agrotóxicos sem a observação da complexidade de fatores que interagem nos agroecossistemas tem sido a maior causa de desequilíbrio nesses sistemas (Smith & Van den Bosch, 1967). Resistência, ressurgimentos, desencadeamento secundário e quebra de cadeias alimentares são alguns dos problemas ligados ao uso indiscriminado de agrotóxicos.

Resistência é o termo usado para indicar um fenômeno desenvolvido por seleção, pelo qual espécies antes suscetíveis a determinados agrotóxicos, sob a pressão destes, não mais são por eles controladas economicamente nas dosagens normais recomendadas (Figura 3). As novas populações passam a tolerar doses que antes matavam quase que a totalidade de seus componentes. Indivíduos portadores de genes para resistência ocorrem em pequena percentagem nas populações das espécies suscetíveis (o que indica ser a resistência pré-adaptativa). Por repetidas aplicações de produtos químicos, esses indivíduos acabam sendo selecionados, constituindo maioria. Ao reproduzirem entre si, transmitem os genes de resistência aos seus descendentes, de tal forma que, em pouco tempo, esses genes predominam, tornando a espécie resistente.

Brown (1968) cita que, antes de 1946, havia apenas dez espécies de insetos e carrapatos resistentes, todas elas a produtos inorgânicos minerais. Em 1969, a resistência foi confirmada para 224 espécies de insetos e acarinos, das quais 135 aos ciclodienos (dieldrin), 91 ao DDT, 54 aos organofosforados e 20 aos carbamatos e aos inseticidas minerais e botânicos. Das 224 espécies resistentes, 97 eram de importância médica ou veterinária e 127 de importância agrícola, florestal e de produtos armazenados. Nos anos 1970, eram conhecidas mais de 300 importantes espécies resistentes aos clorados (DDT e ciclodienos), aos organofosforados, aos carbamatos e a alguns produtos inorgânicos.[3]

---

[3] Desde 1946, ano em que a mosca doméstica se tornou resistente ao DDT, 428 espécies de artrópodes, 91 espécies de patógenos, cinco espécies de ervas invasoras

Figura 3 – Resistência aos agrotóxicos

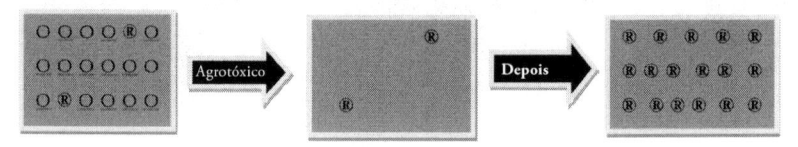

O = Indivíduos susceptíveis. ® = Indivíduos resistentes. Seg. Paschoal (1983).

Há abundância de evidências (Debach, 1974) que suportam a afirmação de que 99% dos insetos fitófagos estão sob controle natural. O papel dos inimigos naturais tem sido negligenciado principalmente após o advento dos agrotóxicos organossintéticos, razão pela qual muitas espécies se tornaram pragas. Desequilíbrios biológicos são responsáveis pelos três outros fenômenos já citados: ressurgimento, desencadeamento secundário e quebra de cadeias alimentares.

Ressurgimento implica recuperação rápida de uma praga à ação do agrotóxico, a qual torna-se muito mais numerosa e daninha do que antes (Figura 4). A razão principal é que o agrotóxico reduz mais drasticamente as populações dos inimigos naturais e competidores do que as da praga. Na ausência de controle satisfatório pelos agentes biológicos e pela diminuição da competição intraespecífica, as populações residuais das pragas crescem assustadoramente e em pouco tempo.[4]

---

e duas espécies de nematoides foram referidas como resistentes a dois ou mais agrotóxicos (Georghiou, 1983). Já no início dos anos 1970, em São Paulo, as seguintes pragas eram referidas como resistentes aos clorados e fosforados: lagarta--rosca (aldrin), pulgões-da-batata (paration), ácaro-rajado-do-algodão (fosforados), broca-da-raiz-do-algodão (aldrin e outros ciclodienos), gorgulho-do-milho (DDT, lindane), vaquinha-da-batata (DDT e lindane) (Giannotti *et al.*, 1972).

[4] Ressurgimento foi constatado para a traça-das-crucíferas (*Plutella xylostella*), em ensaio com dois tratamentos, sendo um com controle biológico e outro com controle químico (aplicação de piretroides). No tratamento químico a população do inseto tornou-se muito maior do que era antes da aplicação do agrotóxico,

Figura 4 – Ressurgimento devido aos agrotóxicos

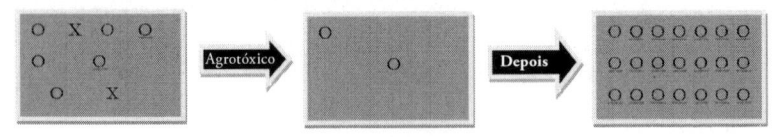

O = Indivíduos da espécie praga. X = Indivíduos do inimigo natural da praga. Seg. Paschoal (1983).

Desencadeamento secundário de pragas é o que ocorre com certas espécies inexpressivas (ou pragas secundárias) que, vivendo associadas com espécies daninhas em determinadas culturas, são elevadas à categoria de pragas primárias após tratamentos com agrotóxicos (Figura 5). Um produto químico usado para combater uma praga de cultura não só reduz as populações da praga como também, e mais drasticamente, as populações dos inimigos naturais e competidores, tanto da praga como das outras espécies fitófagas inócuas associadas com ela. Se o agrotóxico não tem ou tem pequeno efeito sobre uma dessas espécies que coabitam o local, na ausência dos inimigos naturais e de competição intra e interespecífica, essa espécie forma rapidamente populações altíssimas, transformando-se em praga. Tal é o que tem ocorrido com os ácaros fitófagos em todo o mundo, inclusive no Brasil.[5]

---

sendo também maior do que no tratamento biológico, isso devido à elevada mortalidade dos inimigos naturais (predadores e parasitas) (Muckenfuss *et al*. 2018).

[5] Ácaros fitófagos eram pragas secundárias antes da era dos agrotóxicos sintéticos. A alta toxicidade desses produtos às joaninhas e ácaros predadores (fitoseídeos) fez com que populações altíssimas de ácaros fitófagos surgissem, passando a exigir aplicações frequentes de acaricidas (Penman & Chapman, 1988). Já na década de 1960, no Brasil, Gianotti *et al*. (1971) constataram erupções de cochonilhas e ácaro da ferrugem em citros, de pulgões, ácaros brancos e vermelhos em algodão, de pulgões em batatinha pelo uso de agrotóxicos.
Estima-se que um terço das 300 espécies de insetos que mais causam danos nos Estados Unidos sejam pragas secundárias, tornadas daninhas por morte

Figura 5 – Desencadeamento secundário

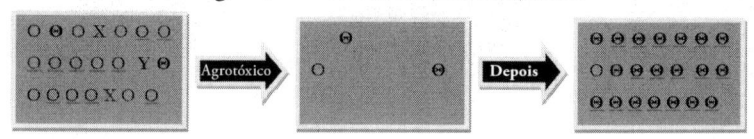

O = Indivíduos da espécie praga. ⊖ = Indivíduos da espécie inócua, que se torna praga. X = Indivíduos do inimigo natural da praga. Y = Indivíduos do inimigo natural da espécie inócua. Seg. Paschoal (1983).

Quebra de cadeias alimentares dos inimigos naturais ocorre quando agrotóxicos usados para combater pragas iniciais de determinadas culturas eliminam essas pragas sem reduzirem drasticamente as populações dos predadores e parasitos (agrotóxicos seletivos) (Figura 6). Na ausência dos hospedeiros, os inimigos naturais morrem de fome, emigram ou cessam de reproduzir, havendo grande redução nas suas populações.

Essa situação evidentemente favorece o estabelecimento das pragas tardias, economicamente mais importantes, que invadem a cultura e reproduzem explosivamente na ausência dos inimigos naturais. A cultura do algodoeiro na Califórnia enquadra-se nesse esquema, pois o controle das pragas iniciais (pulgão, ácaros e tripes) quebra as cadeias alimentares dos seus predadores (*Chrysopa*, *Nabis*, *Geocoris* e *Orius*), que são eliminados dos algodoais bem cedo na estação, favorecendo o estabelecimento das pragas tardias, mais importantes, como *Lygus hesperus* e *Heliothis zea* (Smith & Van den Bosch, 1967).

---

de seus inimigos naturais, pelo uso de agrotóxicos, sendo elevadas à condição de pragas primárias pelo ressurgimento e por desencadeamento secundário (Miller, 2004).

Figura 6 – Quebra de cadeias alimentares dos inimigos naturais

■ = Indivíduos da espécie praga inicial (menos importante). O = Indivíduos da espécie praga tardia (mais importante). X e Y = Indivíduos dos inimigos naturais das pragas, inicial e tardia. Seg. Paschoal (1983).

Podem ser encontrados exemplos de agrotóxicos gerando pragas ou agravando suas condições, por meio dos mecanismos apontados, em várias publicações, como em Ripper (1956), Newson (1967), Smith & Van Den Bosch (1967), Clark et al., (1970), Huffaker (1971), Van Den Bosch & Messenger (1973), Debach (1974) e outros.

Um dos exemplos clássicos que evidenciam o aspecto negativo dos agrotóxicos é o do vale de Cañete. Esse vale é um dos muitos que existem na costa do Peru, entre os Andes e o Pacífico, sendo tecnologicamente o mais avançado agroecossistema do país. Com 22 mil hectares de terras cultivadas, o vale é plantado com algodão num total de 15 mil hectares. Sua história permanece como um exemplo de controle de pragas que ignora a ecologia e confia unicamente nos agrotóxicos organossintéticos.

No período 1943-1949, havia sete espécies de insetos (Tabela 1) que danificavam o algodoeiro no vale. O controle era feito basicamente por inseticidas minerais e botânicos, e a produção era de 502,3 kg/ha.

A partir de 1949, modernos inseticidas organossintéticos foram introduzidos no vale, provocando um desastre econômico de grandes proporções. Os agrotóxicos foram aplicados em larga escala, como um manto sobre todo o ecossistema. Como resultado, todos os organismos dessa região ficaram expostos, repetidas vezes, a esses produtos químicos. As faunas de predadores e parasitos foram dizimadas, favorecendo as pragas. As espécies daninhas desenvolveram rapidamente resistência aos agrotóxicos. Por volta de 1955, cinco anos após o início da aplicação de DDT, BHC e toxafeno, a resistência das pragas a esses produtos já se fazia notar. E o que é mais importante, todo um complexo de insetos antes inócuos foi elevado à categoria de pragas extremamente daninhas (Tabela 1). A substituição dos organoclorados pelos organofosforados não resolveu o problema devido à resistência assumida pelas pragas. A produção em 1956 foi a mais baixa de muitas décadas.

Tabela 1 – Pragas e média anual de produção de algodão no Vale de Cañete, Peru, durante três regimes de controle químico de pragas*

Inseticidas minerais e botânicos 1943-1949 (**produção:** 502,3kg/ha)	Inseticidas organossintéticos 1949-1956 (**produção:** 603,8 kg/ha)	Manejo integrado 1956-1963 (**produção:** 789,1 kg/ha)
Anthonomus vestitus	*Anthonomus vestitus*	*Anthonomus vestitus*
Anomis texana	*Anomis texana*	*Anomis texana*
Aphis gossypii	*Aphis gossypii*	*Aphis gossypii*
Heliothis virescens	*Heliothis virescens*	*Heliothis virescens*
Mescina pernella	*Mescina pernella*	*Mescina pernella*
Hemichionaspis minor	*Hemichionaspis minor*	*Hemichionaspis minor*
Dysdercus peruvianus	*Dysdercus peruvianus*	*Dysdercus peruvianus*
	Argyrotaenia sphaleropa	
	Platynota sp.	
	Pseudoplusia rogationis	
	Podocera atramenalis	
	Planococcus citri	
	Bucculatrix thurberiella	

*De acordo com Boza-Barducci (1975), *apud* Smith & Van Den Bosch (1967)

O entomologista Willie, de formação ecológica, estudou o problema e propôs medidas de manejo que salvaram a produção de algodão do vale de Cañete. Entre outras decisões, estava a proibição do uso dos inseticidas sintéticos e a volta ao uso dos antigos produtos minerais e botânicos. O vale foi ainda repovoado com inimigos naturais trazidos de outras áreas. Quando necessários, os inseticidas organossintéticos eram usados em quantidades equivalentes a 25 a 50% das dosagens recomendadas pelas firmas. Várias medidas culturais foram também introduzidas.

Como resultado desse programa, as pragas que haviam sido elevadas por desencadeamento secundário voltaram a ser espécies inócuas (Tabela 1). As pragas originais diminuíram as suas ações nefastas. O custo do controle foi significativamente reduzido, e a produção elevou-se para índice jamais alcançado: 789,1 kg/ha.

Outro exemplo, igualmente em condições tropicais, é aquele citado por Wood (1971), envolvendo palmeiras na Malásia. Por volta de 1950, lagartas desfolhantes estavam destruindo com tal intensidade as palmeiras naquele país que Brian Wood foi convocado para estudar o problema. Wood foi capaz de reconstituir toda a história que resultou nas erupções das pragas. Pequenas infestações ocorriam em algumas plantações. Embora os danos causados fossem pequenos, mesmo assim recomendou-se pulverizações com DDT. As erupções tornaram-se mais frequentes e generalizadas, exigindo controle por mais vezes e em maiores áreas. O DDT foi posteriormente substituído por dieldrin e aldrin e as pragas então cresceram em tais proporções que toda a cultura de palmeiras foi desfolhada e a produção reduzida a 40%. A cada nova aplicação a praga ressurgia em número cada vez maior. As lagartas desfolhadoras, que antes eram pragas ocasionais, tornaram-se pragas muito comuns.

Dos estudos de Wood ficou evidenciado que o problema envolvia desequilíbrio biológico, com destruição de grande número de inimigos naturais pelos agrotóxicos organoclorados. Foi determinado que mais de 20 espécies de insetos himenópteros parasitavam a mais importante das lagartas, e que o número desses inimigos era insuficiente para realizar qualquer controle nas áreas tratadas com agrotóxicos. Recomendou, então, que todas as pulverizações fossem suspensas, o que resultou na volta das pragas às condições anteriores. Era de se concluir, pois, que os pequenos inimigos naturais controlavam eficientemente as pragas nesses agroecossistemas.

Muitos outros exemplos há de graves desequilíbrios biológicos nos agroecossistemas tropicais e subtropicais, em virtude do uso de agrotóxicos: cacau na Malásia (Debach, 1974), chá no Ceilão (Debach, 1974), cacau na África (Clark *et al.*, 1970), algodão na América Central, principalmente na Nicarágua e Guatemala, no México, no vale do Rio Grande, Texas, e nos Vales Centrais da Califórnia (Debach, 1974).

Existem também exemplos nas regiões temperadas, como erupções de ácaros fitófagos na Inglaterra, por volta de 1940 e 1950, causadas pela redução do número de predadores mortos com o uso de inseticidas de amplo espectro (Clark *et al.*, 1970). Os exemplos das regiões temperadas não chegam a alarmar pelas consequências, ao contrário do que ocorre nos trópicos. Isso demonstra, sem dúvida alguma, a grande importância que o controle biológico natural representa nos ecossistemas dos países tropicais, onde os fatores dependentes da densidade parecem ser muito mais importantes do que os fatores que independem da densidade, já que o clima é praticamente uniforme durante todo o ano.

Nos trópicos e subtrópicos, erupções naturais de pragas são extremamente raras (Colinvaux, 1973). Todo desajuste provém de ações humanas contra a natureza, surgindo pragas devido à simplificação excessiva imposta aos agroecossistemas, às introduções de espécies exóticas e principalmente aos desequilíbrios biológicos provocados pelos agrotóxicos. Nos países temperados, ao contrário, o controle natural existe, mas não tão significativamente como nos trópicos, e espécies nativas tornam-se comumente pragas (Colinvaux, 1973). A morte de predadores e parasitos locais não parece ser tão séria nas regiões temperadas, o que certamente põe em dúvida sua eficiência como agentes naturais de controle. Nas regiões temperadas o fator climático desponta como sendo mais importante.

Resta perguntar por que não fazer uso em nosso país daquilo que a natureza dadivosamente nos concedeu, ou seja, inimigos naturais em abundância, capazes de manter sob controle natural a maioria das espécies fitófagas presentes nos nossos agroecossistemas. Até quando incorreremos no grave erro de importar tecnologia de países temperados, sem as necessárias adaptações e os cuidados que as nossas condições tropicais e subtropicais exigem? Até quando teremos de pagar por erros como o uso de agrotóxicos nas nossas lavouras sem os devidos cuidados ecológicos que esse uso requer?

Evolução e origem de pragas

Ocasionalmente, algumas espécies sofrem modificações em certas características genéticas que alteram seu comportamento e passam a competir ou interagir diretamente com o homem. São poucos os casos conhecidos, o que, provavelmente, indica a raridade desses acontecimentos. Um exemplo é o aparecimento súbito, no Japão, de uma espécie desconhecida de vespa que forma galhas conspícuas em castanheiras, e que foi denominada *Dryocosmus kuriphilus*. Segundo Nakamura *et al.* (1964), essa espécie partenogenética foi pela primeira vez notada em 1941, no distrito de Okayama, tendo se espalhado posteriormente por todo o sudoeste do Japão, causando severos danos no período 1950-1955. A vespa é tida como uma espécie de evolução recente, sendo restrita ao Japão.

AGROTÓXICOS E O AMBIENTE

Histórico do uso dos agrotóxicos

   Os escritos dos gregos, romanos e chineses mencionam, há mais de 3 mil anos, o uso de certos produtos químicos para o controle de insetos. As propriedades inseticidas do arsênico e do enxofre eram conhecidas desses povos muitos séculos antes da era presente. Mas o controle significativo de insetos por inseticidas foi uma conquista da Revolução Industrial do século XIX.

   Dividimos em dois períodos o uso dos agrotóxicos no mundo, inclusive no Brasil: o período anterior ao início da Segunda Guerra (antes de 1939) e o período posterior (após 1939). O ano de 1939 marca uma brusca transição na metodologia do controle de pragas, com a descoberta das propriedades inseticidas do DDT, o primeiro produto organossintético. Antes de 1939, a maioria dos inseticidas usados nas lavouras era constituída de produtos inorgânicos e de alguns outros extraídos de plantas. O uso moderno dos inseticidas data de 1867, quando um produto chamado verde-paris (aceto arsenito de cobre) foi preparado comercialmente e usado contra grande número de pragas. Após essa data, outros produtos inorgânicos apareceram, como aqueles à base de arsênio, flúor, antimônio, bário, boro, cádmio, chumbo, mercúrio e tálio, além da calda sulfocálcica e dos óleos minerais. Inseticidas de origem vegetal (botânicos) foram também bastante usados, como nicotina, estricnina, piretro e piretrinas, rotenona etc. Em 1941/1942, pesquisadores franceses e ingleses descobriram, quase que simultaneamente, as propriedades inseticidas do BHC. No final da década de 1940, os alemães introduziram os inseticidas organofosforados, abrindo as portas para pesquisas que resultaram na formulação de produtos como o paration, malation, tepp, dimeton e tantos outros. Em meados de 1956, a Union Carbide, dos Estados Unidos, lança no mercado um novo tipo de inseticida, um carbamato chamado carbaril ou sevin. Com a crescente importância econômica dos ácaros, acaricidas foram desenvolvidos por várias firmas de produtos químicos.

No Brasil, pode-se fixar o início da era dos organossintéticos em fins de 1943, ano em que o Instituto Biológico de São Paulo recebeu as primeiras amostras de DDT, com o nome comercial de gesarol (Marikoni, 1976).[1]

---

[1] Na década de 1970, a indústria química desenvolveu novo tipo de agrotóxico, os piretroides, produtos sintéticos semelhantes às piretrinas naturais, como alternativa às substâncias mais tóxicas, lipossolúveis e persistentes no ambiente, sendo hoje largamente usados no mundo. Ao contrário das piretrinas naturais, rapidamente decompostas pela luz solar e pelo ar, os piretroides são mais estáveis. Problemas têm surgido com resíduos em alimentos (Santos *et al.*, 2007) e com desencadeamento de pragas, principalmente de ácaros fitófagos (Penman & Chapman, 1988).
Derivados da nicotina, os neonicotinoides, representam a geração mais recente de agrotóxicos sintéticos. Em 1990, a Bayer e outras companhias lançaram na Europa e no Japão o primeiro desses agrotóxicos, a imidacloprida, logo seguida por outros produtos. A alta toxicidade para abelhas e meliponídeos (abelhas sem ferrão) dizimou milhares de colmeias em diversas partes do mundo, razão da proibição para uso em várias culturas (Paschoal, 2019). Alguns deles são letais para peixes, outros para aves, e o tiaclopride é potencialmente carcinogênico para o ser humano. Três deles foram proibidos na Europa em 2013, pela morte de abelhas: tiametoxam (Syngenta), imidacloprida e clotianidina (Bayer).

Terminologia

No Brasil, quatro termos têm sido empregados para indicar os produtos usados no controle de pragas: praguicida, pesticida, defensivo agrícola e biocida.

O termo *praguicida* significa "produto que mata pragas". No capítulo anterior, definimos o que é uma praga. De maneira geral, o termo praguicida tanto se aplica a insetos quanto a ácaros, carrapatos, moluscos, ratos etc. Evidentemente, sob essa definição apenas as substâncias químicas capazes de matar pragas são consideradas praguicidas, sendo excluídas as substâncias atraentes, repelentes, esterilizantes e outras que igualmente contribuem para controlar pragas (National Academy of Sciences, 1969). Defensivo, segundo Mariconi (1958),

> é toda substância química empregada para: a) combater as pragas ou doenças das plantas; b) combater as plantas daninhas; c) combater os insetos e ácaros nocivos aos animais domésticos; d) combater as pragas dos produtos armazenados, sejam estes de origem vegetal ou animal.

A denominação *pesticida* (do inglês/francês *pesticide*), já muito difundida entre nós, é totalmente inadequada à nossa língua. Literalmente ela significa "o que mata peste", e peste, segundo os dicionários da língua portuguesa, é "qualquer doença epidêmica grave, de grande mobilidade e mortalidade". Portanto, peste tem o sentido mais de doença do que de praga, o que torna o anglicismo/galicismo errôneo para o significado que se deseja exprimir.

A palavra *praguicida*, embora mais adequada etimologicamente, está longe de traduzir a realidade que os seus termos parecem indicar. Implícito na definição está o fato de que os organismos se acham divididos em pragas e não pragas, e que os praguicidas matam apenas pragas e nada mais. Esse conceito, que poderia ser aceito na época em que a ecologia não existia como ciência, não mais o é na atualidade. O problema então é a busca de um termo para aquilo que hoje chamamos praguicida que traduza uma realidade ecológica. Hardin (1972) afirma que "todo novo praguicida deveria realmente chamar-se biocida, até que fosse provado o contrário; culpado, até que fosse provado inocente".

De fato, a palavra praguicida esconde dos usuários e leigos os efeitos colaterais indesejáveis que aquelas substâncias produzem. *Biocida*, por outro lado, é uma denominação mais realística, embora desinteressante para os homens de negócio. Literalmente significa "o que mata a vida", o que caracteriza um pleonasmo.

A palavra *defensivo*, usada com sentido mais amplo para incluir não apenas pragas mas também agentes patológicos, é outra incoerência, uma vez que, como mostramos com vários exemplos, muitos desses agentes químicos, entre os quais o grupo todo dos clorados persistentes, são na realidade causadores de maiores e mais graves ataques de pragas, pelos desequilíbrios biológicos que produzem; como então chamar de defensivo algo que também pode agir no sentido de agravar a situação da agricultura e diminuir os lucros dos agricultores? O termo defensivo (defensa + ivo) significa "próprio para defesa", mas não indica defesa de que ou de quem; se é defensivo agrícola, então a defesa é a dos produtos agrícolas, o que ecologicamente é uma utopia, como mostrado anteriormente; se é a defesa do homem contra as pragas, o sentido é também ambíguo, uma vez que o homem dos dias presentes não mais se põe em posição de defesa, mas, sim, de ataque maciço contra as pragas, que são frutos da sua própria inventividade. Quando pensamos em termos da natureza, tais produtos não podem ser encarados como instrumentos de defesa, mas de destruição e perturbação do equilíbrio da biosfera. Além disso, todo método "próprio para a defesa da agricultura" seria um defensivo agrícola, tal como os métodos de controle de erosão do solo, os métodos quarentenários para evitar introdução de espécies daninhas etc. Nada existe nessa palavra que indique serem eles produtos tóxicos usados na agricultura.

Pela ausência de uma terminologia mais adequada, e pelo uso generalizado que tem, o vocábulo praguicida continuará sendo usado entre nós, como pesticida o será pelos povos de língua inglesa e francesa. Uma sugestão é o termo *agrotóxico*, que tem sentido geral para nomear todos os produtos químicos usados nos agroecossistemas para combater pragas e doenças. O termo é uma contribuição útil, já que a ciência que estuda esses produtos chama-se toxicologia.[2]

Classificação dos agrotóxicos

As várias publicações em língua portuguesa que tratam da classificação e do modo de agir dos agrotóxicos, como as de Mariconi (1976), Giannotti *et al.* (1972) e Gallo *et al.* (1970), eximem-nos de detalhar esse assunto. Resumidamente, os agrotóxicos podem ser classificados quanto à: a) finalidade (formicida, aficida, ovicida, acaricida, raticida, moluscicida etc.); b) maneira

---

[2] *Agrotóxicos e afins* são: a) os produtos e os agentes de processos físicos, químicos ou biológicos, destinados ao uso nos setores de produção, no armazenamento e beneficiamento de produtos agrícolas, nas pastagens, na proteção de florestas, nativas ou implantadas, e de outros ecossistemas e também de ambientes urbanos, hídricos e industriais, cuja finalidade seja alterar a composição da flora ou da fauna, a fim de preservá-las da ação danosa de seres vivos considerados nocivos; b) as substâncias e os produtos, empregados como desfolhantes, dessecantes, estimuladores e inibidores de crescimento. Componentes são os princípios ativos, os produtos técnicos, suas matérias-primas, os ingredientes inertes e aditivos usados na fabricação de agrotóxicos e afins (Lei 7.802, Lei dos Agrotóxicos, 11 de julho de 1989).
Resíduos de agrotóxico são substâncias ou misturas de substâncias remanescentes ou existentes em alimentos ou no ambiente, decorrentes do uso ou da presença de agrotóxicos e produtos afins, inclusive quaisquer derivados específicos, tais como produtos de conversão e de degradação, metabólitos, produtos de reação e impurezas, consideradas toxicológica e ambientalmente importantes (Anvisa).

de agir sobre as pragas (de ingestão, de contato, fumigante e microbiano); c) origem (inorgânicos e orgânicos).

Agrotóxicos inorgânicos
Esta classe de produtos químicos, largamente usada no passado, não totaliza 10% dos produtos em uso presentemente. Incluem-se aqui os produtos arsenicais (arsênico branco, óxido arsênico, verde-paris, arsenito de sódio, arseniato de cálcio, de chumbo e de sódio etc.); os produtos fluorados (criolita, fluoreto de sódio, fluossilicato etc.); os óleos minerais; e os compostos de antimônio, de bário, de boro, de chumbo, de mercúrio, de tálio, além da calda sulfocálcica. Os arsenicais, os fluorados e os outros compostos minerais agem por ingestão; os óleos minerais agem por contato, matando as pragas por asfixia. Uma vantagem desses produtos inorgânicos que agem por ingestão é que predadores e parasitos não são afetados, o que os tornam bastante úteis para manejo integrado. Uma séria desvantagem, porém, é a acumulação nos tecidos orgânicos e a estabilidade e longa persistência no ambiente desses agrotóxicos à base de metais pesados.

Agrotóxicos orgânicos
Compreendem os orgânicos de origem vegetal, também chamados botânicos, e os organossintéticos. Os *agrotóxicos de origem vegetal* já tiveram grande procura em todos os mercados. Apenas piretro, piretrinas, rotenona e nicotina continuam sendo usados com certa frequência. Além desses produtos, há os seguintes: aletrina, anabasina, estricnina, nornicotina, riânia, rinodina e sabadilha. Basicamente, os agrotóxicos botânicos agem por contato, e apresentam baixa toxicidade para mamíferos e aves. Infelizmente, são muito pouco usados no Brasil, país que produz muitas das plantas de que são extraídos esses produtos, como o

piretro, o timbó e o fumo. São instáveis, com uma vida química de poucas horas ou dias.³ Os *agrotóxicos organossintéticos* são subdivididos em clorados, clorofosforados, fosforados, carbamatos e fumigantes.

Os clorados, ou hidrocarbonetos clorados, compreendem o grupo para o qual as atenções dos ecologistas e conservacionistas mais se têm voltado ultimamente. Muitos desses produtos foram banidos de países da Europa e dos Estados Unidos por causa dos graves efeitos colaterais advindos da sua longa persistência no ambiente e da magnificação biológica.

Embora haja tendência de substituí-los pelos fosforados, carbamatos e outros produtos mais biodegradáveis, o baixo custo dos clorados, a sua eficiência contra muitas pragas, a ação residual longa, a ausência de legislação rígida e de fiscalização eficiente, o baixo nível de escolarização de muitos agricultores, e a falta de vozes que clamem contra o uso indiscriminado desses produtos, são características que tornam essa substituição irrealista e extremamente difícil, principalmente nos países subdesenvolvidos e em processo de desenvolvimento.⁴

---

3   Inseticidas e acaricidas botânicos têm seu uso aumentado presentemente, devido aos problemas com o uso de agrotóxicos sintéticos (contaminação de alimentos, de água potável, de solo, ar, ambiente natural), com desequilíbrios biológicos por eles induzidos e com o crescimento da agricultura orgânica, na qual os produtos sintéticos são proibidos e os botânicos, microbianos e caldas de elementos minerais são aceitos, principalmente no período de conversão das propriedades (Paschoal, 1994). Moreira *et al.* (2007) listam os produtos comercializados no mundo, para os quais são fornecidos métodos de preparo: óleo de nim, piretro ou piretrina, rotenona, sabadilha, rianoides, nicotina, óleo de citros, piperinas, dialil-dissulfeto, eucaliptol, citronela etc.
4   Os agrotóxicos organoclorados foram proibidos no Brasil pela Portaria n. 329, de 2 de setembro de 1985, do Ministério da Agricultura, Pecuária e Abastecimento, exceto para iscas formicidas, cupinicidas e para o controle de vetores de doenças humanas. O banimento do DDT no Brasil deu-se pela Lei n. 11.936, de 14 de maio de 2009. A Agência Nacional de Vigilância Sanitária (Anvisa) proibiu o lindane e o

Os clorados podem ser divididos em quatro grupos, de acordo com as semelhanças das suas fórmulas estruturais, modos de ação sobre as pragas etc.: a) grupo do DDT: DDT, TDE, metoxicloro, clorobenzilato, dicofol; b) grupo do BHC: BHC e lindane; c) ciclodienos: aldrin, endrin, dieldrin, isodrin, heptacloro, clordane, toxafeno, endosulfan, isobenzan, dodecacloro etc.; e d) paradiclorobenzeno e pentaclorofenol. Os clorados são agrotóxicos que agem por contato, ingestão e fumigação; são geralmente bastante estáveis e tóxicos, não tendo ação sistêmica, nem de profundidade; são, também, lipossolúveis.

Os agrotóxicos clorofosforados, que muitos incluem entre os fosforados, são o carbofenotion, clortion, diclorvos, gardona, zolone etc. Esses produtos têm poder residual moderado, não se acumulam no organismo, inativam a colinesterase, possuem ação de penetração nos tecidos vegetais, e não são dotados de ação sistêmica.

Os fosforados são, em geral, muito tóxicos para o homem, principalmente os sistêmicos. Inibem a enzima colinesterase e degradam rapidamente *in vivo* e no ambiente, não se acumulando no organismo. Substituem com vantagem os agrotóxicos persistentes e aqueles para os quais foram desenvolvidas resistências.

Mais de 200 mil organofosforados já foram sintetizados (National Academy of Sciences, 1969). Os sintéticos apresentam a vantagem de interferir menos com o equilíbrio biológico (Mariconi, 1976).[5]

---

pentaclorofenol para tratamento de madeira em 2006, e o endosulfan (inseticida/acaricida) em 2013. O uso agrícola do lindane e do pentaclorofenol havia sido proibido em 1985, pela Portaria n. 329 do Ministério da Agricultura, e seus usos na saúde pública proibidos em 1998, pela Portaria n. 11 do Ministério da Saúde.

[5] Alguns agrotóxicos organofosforados foram proibidos no Brasil, principalmente inseticidas e acaricidas, devido suas elevadas toxicidades e por serem carcinogênicos,

Os carbamatos assemelham-se aos fosforados como inibidores da colinesterase e quanto à rápida degradação *in vivo* e no ambiente. Incluem-se entre os carbamatos: aldicarbe (temik), carbaril (sevin), dimetan, dimetilan, moban, zectran etc. Esses produtos têm ação de contato e ingestão, não apresentando ação sistêmica ou de profundidade. Alguns são muito tóxicos enquanto outros são mais seguros. Também não se acumulam no tecido adiposo. Os fumigantes são substâncias que, na forma de gases, matam as pragas. São usados para espécies subterrâneas e dos produtos armazenados, agindo no sistema respiratório. Exemplos: bissulfeto de carbono, brometo de metila, fosfina etc.

Impacto ecológico dos agrotóxicos no ambiente

Contaminação do ambiente

Inseticidas, fungicidas, herbicidas e seus produtos de decomposição acham-se fartamente distribuídos na biosfera, sendo encontrados praticamente em todas as áreas do mundo, quer as habitadas pelo homem, quer as não habitadas por ele. Não existe região da Terra onde não haja pelo menos algumas moléculas dessas substâncias tóxicas, em plantas, animais, solo, água e ar (Westlake & Gunther, s/d). Embora a quantidade de resíduos desses produtos seja pequena, quando comparada com a de outros contaminantes, como resíduos industriais, domésticos e dos

---

mutagênicos, teratogênicos, ou apresentarem outros efeitos patológicos: forato, metamidofós, triclorfon, monocrotofós, paration metílico, carbofuran e cihexatina; outros estão sendo reavaliados pela Anvisa: fosmet, abamectina e acefato.
Cerca de um terço dos agrotóxicos proibidos na Europa continua sendo usado no Brasil (Bombardi, 2017): algodão (dos 160 produtos usados no Brasil, 47 estão proibidos na EU: 160-47); soja (150-35); café (121-30); milho (120-32); laranja (116-33); maçã (96-28); cana-de-açúcar (85-25); uva (71-13); banana (44-7).

escapamentos dos automóveis, ela constitui um total bastante significativo.

Há várias maneiras de introdução de agrotóxicos no ambiente, quer diretas, quer indiretas (Paschoal, 1970). A contaminação direta resulta principalmente do uso de agrotóxicos para o controle de pragas agrícolas. Uma menor porção provém do controle de pragas florestais, de pastagens, de animais domésticos e de importância médica. Além das aplicações diretas sobre plantas e animais, há aplicações diretas no solo para o controle de pragas subterrâneas, e aplicações diretas na água para o controle de mosquitos, moluscos, ervas invasoras aquáticas etc. De importância crescente é a fonte de contaminação por meio de agrotóxicos domésticos.

A contaminação indireta resulta de outras fontes que não aplicações para o controle de pragas. Resíduos industriais contendo agrotóxicos, ou compostos relacionados, são comumente introduzidos em rios e lençóis freáticos, ou acidentalmente no ar. No Colorado, EUA, resíduos industriais de 2,4-D, lançados em lagoas de sedimentação desde 1943, contaminaram lençóis freáticos a tal ponto que, em 1951, muitas culturas foram destruídas por água de irrigação que continha resíduos desse herbicida. A tragédia de Seveso, Itália, em julho de 1976, continua na lembrança de muita gente como uma das maiores catástrofes envolvendo produtos químicos para a agricultura. Subprodutos agrícolas e restos de cultura tratada com agrotóxicos apresentam resíduos que contribuem para a intoxicação, principalmente de animais. Lagos, rios e áreas não cultivadas podem ser contaminados por aplicações incontroladas ou acidentais. Partículas de agrotóxicos suspensas no ar após pulverizações ou polvilhamentos, máxime por avião, podem ser depositadas a grandes distâncias. A erosão do solo e as águas de enxurradas transferem resíduos de agrotóxicos de áreas tratadas para áreas não tratadas, e para lagos e rios, onde podem ser encontrados em solução ou depositados nos leitos. Um recente estudo revelou a presença de tais resíduos no lago Paranoá, em Brasília (Dianese *et al.*, 1977). Enxurradas formadas após chuvas fortes em áreas cultivadas podem causar mortandade elevada de peixes e interferir grandemente com a microfauna (Paschoal, 1970). Correntes aéreas podem transportar agrotóxicos, em forma de densas nuvens, a consideráveis distâncias; essas "nuvens" formadas por finas partículas de aerossol podem ser trazidas ao solo pela chuva ou pela neve. Outras maneiras de contaminação são: banheiros carrapaticidas; descarte de sobras de agrotóxicos e lavagem de aplicadores nas águas de lagos e rios; descarte de agrotóxicos em esgoto doméstico; descarte de alimentos contaminados; descarte de animais mortos por intoxicação ou de fezes de animais tratados com agrotóxicos.

Deslocamento dos agrotóxicos

Farta literatura sobre o assunto indica que os agrotóxicos e outros produtos químicos têm contaminado as águas e os solos de todo o mundo. Têm sido encontrados agrotóxicos em peixes e outros animais em áreas remotas dos locais de aplicação (Peterle, 1970; Freed, 1970; Hurtig,1972). O DDT aparece no óleo de peixes apanhados distante das costas das Américas, Europa e Ásia, em concentrações que variam de 1 a 300 ppm. O tecido adiposo dos esquimós, habitantes de áreas isoladas e não agriculturáveis, tem revelado uma média de 1,4 ppm de DDT e 3,8 ppm de DDE. Uma parte desses resíduos foi incorporada à gordura humana por meio de alimentos importados, e outra parte pelo consumo de animais locais. Águias e ursos polares, pinguins da Antártida e peixes do Pacífico foram igualmente encontrados contendo DDT nos tecidos adiposos.

Os resíduos químicos de agrotóxicos encontrados nos peixes, aves, mamíferos e seres humanos dessas áreas isoladas do mundo poderiam, em alguns casos, ser atribuídos a transferências biológicas através de cadeias alimentares. Contudo, pesquisas recentes têm mostrado a grande dispersão desses produtos pelas correntes aéreas. Calcula-se que apenas 10 a 20% dos agrotóxicos aplicados em polvilhamento e 25 a 50% dos agrotóxicos aplicados em pulverizações sejam depositados na superfície das plantas. Nas condições mais propícias, os métodos atuais desperdiçam de 50 a 75% dos produtos aplicados, que se tornam assim contaminantes ambientes (Benarde, 1973; Peterle, 1970; Woodwell, 1970). A porção que atinge o solo pode aí permanecer ou voltar para a atmosfera, dependendo da concentração, disponibilidade e natureza do resíduo, práticas agrícolas, tipos de solos, além de vários fatores físicos e químicos. São fenômenos ligados a esse processo principalmente a volatilização, fotodecomposição, quimiodecomposição, adsorção, diluição, erosão, absorção pelas plantas, decomposição microbiana e codestilação (Hurtig, 1972).

A atmosfera pode, então, tornar-se contaminada localmente como resultado de aplicações aéreas de agrotóxicos, como também pela volatilização e codestilação dos resíduos nos solos, e por erosão eólica. A distribuição generalizada de resíduos de hidrocarbonetos clorados nos solos sugere contaminação contínua da atmosfera (Paschoal, 1970). Muitos agrotóxicos podem ser levados a grandes distâncias, via atmosfera, resistindo aos processos fotoquímicos das altas altitudes, sendo depois depositados em novas áreas pelas águas das chuvas ou da neve, ou por simples sedimentação.

Grande volume de resíduos tóxicos de áreas agrícolas é igualmente transportado, na forma dissolvida ou em suspensão, pelas águas das enxurradas, chegando aos oceanos através dos rios. O deslocamento por lençóis freáticos, embora existente, não parece ser muito importante (Peterle, 1970).

É, pois, necessário entender que o deslocamento dos agrotóxicos pode realizar-se por via biológica, por meio das cadeias alimentares, e por via física, através da atmosfera e das águas superficiais.

O deslocamento de agrotóxicos por via biológica ocorre devido à *magnificação biológica* de resíduos nas cadeias alimentares. Há dois processos intrínsecos a esse fenômeno: biomagnificação de agrotóxicos em certo nível trófico, e biotransferência de um nível trófico para outro. De maneira geral, a magnificação biológica implica acúmulos de resíduos de agrotóxicos em um organismo, por adsorção ou absorção direta do meio, ou por assimilação indireta por via oral ou outra via de entrada, resultando em aumento da concentração do agrotóxico no organismo ou em determinados tecidos dele. Há, também, um fluxo de resíduos químicos na cadeia alimentar acima, de produtores a consumidores, de maneira que cada nível trófico apresenta concentrações maiores do que a dos precedentes (Figura 7).

Para um agrotóxico sofrer o processo orgânico de magnificação biológica tem de apresentar as seguintes características: ser persistente no ambiente físico para poder ser assimilado pelo organismo (deve, portanto, resistir aos agentes físicos, químicos e biológicos do ambiente e não ser transportado pelo meio, como nos ambientes lóticos); ser persistente na forma disponível a determinados organismos (deve então estar dissolvido, associado com partículas em suspensão, matéria orgânica em decomposição, ou matéria viva); ser persistente no sistema biológico uma vez incorporado ao sistema, isto é, deve acumular-se mais rapidamente do que ser metabolizado e excretado (Macek, 1970). O potencial de biomagnificação depende de alguns fatores: a) quantidade de resíduos disponíveis ao organismo; b) razão de incorporação pelo organismo; c) razão de eliminação do agrotóxico pelo organismo, em função do tempo e da quantidade (Kenaga, 1972).

Figura 7 – Magnificação biológica de resíduos de agrotóxicos em uma cadeia alimentar, de produtor (planta aquática), herbívoro (lambari), carnívoro (dourado) e carnívoro de topo (jacaré)

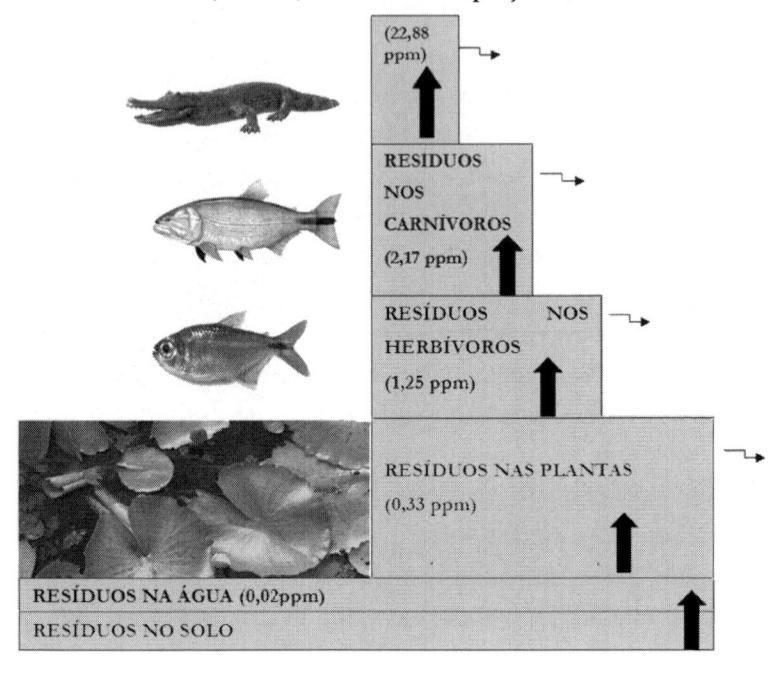

AGROTÓXICOS PERSISTENTES NO AMBIENTE.
Os resíduos passam do solo para a água, sendo absorvidos pelas plantas, magnificando-se devido à absorção pela biomassa vegetal ser maior do que é perdido na respiração e excreção; o resíduo biomagnifica-se a cada nível trófico devido ser a biomassa progressivamente menor. Os valores são apenas ilustrativos. Seg. Paschoal (1983). Foto da planta aquática de Laís O. D. Paschoal; as demais são de autores não encontrados na literatura.

Os únicos agrotóxicos orgânicos capazes de preencher os requisitos apresentados por Macek (1970) são os organoclorados, e dentre eles o DDT e os seus metabólitos; DDE e DDD são os mais persistentes. A magnificação biológica desses produtos nas cadeias alimentares, quer aquáticas, quer terrestres, ocorre comumente na natureza, sendo a principal maneira de contaminação para níveis tróficos mais elevados, inclusive para o homem. Evidências indicam que o dieldrin, heptacloro, clordane e toxafeno também se magnificam nas cadeias alimentares. Podem ser encontrados exemplos em Macek (1970), Kenaga (1972), Tatsukawa *et al.* (1972).[6]

Interações dos agrotóxicos com os componentes do ambiente: ar, solo e água

Os agrotóxicos têm sido incriminados de contaminar os alimentos, bem como os componentes do ambiente físico – ar, água e solo – e neles acumular-se. Nas últimas décadas, grande ênfase tem sido dada aos resíduos presentes nos alimentos, por causa dos efeitos maléficos à saúde humana. Recentemente, porém, ênfase maior vem sendo dada à decomposição e persistência dos agrotóxicos no ar, solo e água (Paschoal, 1970). A presença de substâncias tóxicas nos componentes físicos do ambiente não constitui, até o momento, uma ameaça grave à saúde humana, como no caso dos alimentos contaminados. Em longo prazo, porém, essa possibilidade existe e é mais marcante e significativa.[7]

---

[6] Além dos organoclorados, também se biomagnificam: a) metais pesados (mercúrio, chumbo, cádmio e outros), presentes em inseticidas minerais e em resíduos industriais e de garimpo, assim como em lixos eletrônicos; b) cloreto de vinila, usado na fabricação de plásticos (policloreto de vinila, PVC).

[7] Dados do Ministério da Saúde (Sisagua, 2017) apontam que 25% das cidades brasileiras têm suas águas contaminadas por agrotóxicos. Dos 27 produtos avaliados (obrigatórios por lei) 16 são extremamente tóxicos (classe I) e altamente tóxicos (classe 2), e 11 são cancerígenos ou causam malformação fetal, disfunções hormonais e reprodutivas. Dos 27 agrotóxicos, 21 estão proibidos na Europa. Contaminação múltipla foi constatada em São Paulo, Rio de Janeiro, Fortaleza, Manaus, Curitiba, Porto Alegre, Campo Grande, Cuiabá, Florianópolis e Palmas. O estado de São Paulo é o que apresenta

Quando um agrotóxico é aplicado em plantas, animais, solos, água ou ar, muitos fatores agem promovendo mudanças; as alterações dependerão da natureza do produto e das condições ambientes (Van Middlen, s/d). Fatores ambientes, metabólicos e físicos estão envolvidos nessas mudanças. Entre os fatores ambientes, o tipo do animal, da planta, do microrganismo, do solo e do clima são características importantes. Os fatores metabólicos afetam a decomposição dos agrotóxicos, envolvendo alterações moleculares (oxidação, hidrólise, redução e conjugação), ou fenômenos migratórios na planta ou no animal (penetração e transporte sistêmico, dependendo da lipossolubilidade, permeabilidade da membrana celular, hidrossolubilidade, ligação proteica e tamanho e configuração da molécula do agrotóxico). Os fatores físicos são principalmente climáticos (luminosidade, temperatura, umidade, chuva, ventos, pressão de vapor) (Ebling, 1962). A natureza do agrotóxico, sua dosagem e formulação, bem como o número de aplicações, devem igualmente ser considerados fatores ligados à persistência. Da mesma forma, também os fatores relacionados com a natureza da cultura, desenvolvimento foliar e crescimento vegetal ou animal.

---

maior número de municípios com águas contaminadas (500 municípios), seguido do Paraná (326 municípios).
Mato Grosso, na safra de 2012, usou 140 milhões de litros de agrotóxicos em culturas de soja, milho e algodão (o Brasil consumiu 1 bilhão de litros, no mesmo ano), dos quais mais de 5 milhões foram aplicados em Lucas do Rio Verde, MT (Indea, 2011). Nesse estado tem origem três importantes bacias hidrográficas: do Pantanal, do Araguaia e do Amazonas, que estão sendo contaminadas. Águas de chuva e de poços artesianos apresentaram contaminação por metolacloro (herbicida), cuja meia-vida é de 365 dias na água e de 90 dias no solo, por atrazina (herbicida), menos persistente devido à sua menor solubilidade e volatilidade, comparadas com o metolacloro, e o malation (inseticida/acaricida), de alta volatilidade.

a) Interação dos agrotóxicos com o ar

A presença e a persistência de agrotóxicos no ar estão na dependência da natureza química e física dos tóxicos, do método de aplicação e das condições atmosféricas. Os seguintes fatores físicos são extremamente importantes: volatilidade, codestilação, fotodecomposição e vento.

Pesquisas recentes permitem afastar a hipótese de que os inseticidas organoclorados permanecem no solo *ad infinitum* e de que o solo é fonte constante de contaminação das águas por agrotóxicos. O que realmente parece haver é a desativação das partículas no solo pelas águas da chuva ou de irrigação, o que aumenta a razão de vaporização, levando uma boa parte dos resíduos de agrotóxicos a ser perdida para a atmosfera, por volatilização (Mitchell, 1966). Apesar de esses compostos apresentarem pressão de vapor muito baixa, apreciáveis quantidades de vapor são emitidas para o ar, condensando-se em partículas coloidais ou coalescendo-se em partículas de aerossol, que, por flutuarem, são transportadas a distâncias consideráveis pelas correntes aéreas. O aldrin e o dieldrin tendem a permanecer na porção superior do solo, volatilizando na interface solo-ar, quando deslocados pela água. Alguns dos agrotóxicos organofosforados têm alta volatilidade, como o tepp e o mevinfos. Mesmo aqueles produtos tidos como não voláteis apresentam certo grau de evaporação; consequentemente, a volatilização é importante fator de contaminação do ambiente.

Da mesma forma que o solo, o ambiente aquático é um sistema dinâmico. Resíduos de organoclorados são eliminados desse ambiente por codestilação e também por ação microbiana e absorção. Segundo Mitchell (1966), 93% de aldrin, 55% de dieldrin, 30% de DDT e 30% de lindane, nas concentrações originais (ppm) de 0,024, 0,024, 0,0056 e 0,023, respectivamente, foram codestiladas após 20 horas a 26,5 °C. Um lago contaminado acidentalmente com endrin (40 ppb) no Colorado, EUA, teve suas águas livres dos resíduos em um mês, o lodo em três meses, a vegetação em dois meses, e os peixes em quatro meses (Mitchell, 1966).

A luz ultravioleta promove fotodegradação de muitos agrotóxicos na atmosfera. Aldrin, dieldrin, heptacloro e carbaril absorvem muito pouco ou não absorvem energia solar, mas são significativamente fotolizados pela luz solar (Rosen, 1972).

Os ventos podem arrastar para a atmosfera agrotóxicos depositados na superfície do solo, conduzindo-os a longas distâncias e depositando-os, depois, novamente no solo. Partículas de agrotóxicos em suspensão no ar após aplicações nas lavouras podem igualmente ser levadas pelos ventos e contaminar alimentos e forragens em áreas não tratadas. Pulverizações com partículas de 10 a 50 micra de diâmetro usualmente produzem contaminações mais sérias do solo, a vários quilômetros de distância da fonte de aplicação; partículas de 100 micra normalmente não apresentam problemas graves.[8]

---

[8] Aplicações aéreas de agrotóxicos têm causado sérios problemas no Brasil. Assim, em Lucas do Rio Verde, MT, a aplicação de herbicidas altamente tóxicos (classe 1) para o dessecamento rápido de soja (o que leva apenas dois dias, enquanto que herbicidas de classe 4 levam pelo menos 10 dias) atingiu a cidade em 2006, como uma nuvem tóxica, trazida pelo vento, matando a maior parte da vegetação de 65 chácaras produtoras de hortaliças e de melancia, quase todas as plantas medicinais de 180 canteiros do horto medicinal, e muitas plantas ornamentais da cidade; águas de superfície e subterrânea também foram contaminadas (Pinhati *et al.*, 2007).
Herbicidas representam 48% dos agrotóxicos usados no Brasil, seguidos por inseticidas (25%), fungicidas (22%), acaricidas e outros produtos (Belchior *et al.*, 2014.). Os estados que mais usaram agrotóxicos em 2017 foram, pela ordem (em toneladas de ingredientes ativos): Mato Grosso (100.600), São Paulo (77.200), Rio Grande do Sul (70.100), Paraná (61.100), Goiás (43.400) e Minas Gerais (36.500) (Ibama, 2019).

b) Interação dos agrotóxicos com o solo

Os solos são contaminados tanto por aplicações aéreas como por aplicações diretas de agrotóxicos. A persistência desses produtos nos solos depende das propriedades físicas e químicas dos tóxicos, do tipo de solo, da umidade, da temperatura, dos microrganismos, da cobertura vegetal, da intensidade de cultivo e do modo de formulação dos agrotóxicos. Os hidrocarbonetos clorados são muito mais persistentes do que os organofosforados e carbamatos, levando meses, anos ou mesmo décadas para se decomporem.

As mais importantes propriedades dos agrotóxicos em relação ao ambiente são a estabilidade química, a solubilidade e a volatilidade. A estabilidade química é uma característica desejável do ponto de vista do agricultor, mas não daquele dos conservacionistas e ecologistas. Esse atributo é bastante indesejável por causa da tendência de alguns resíduos de se acumular nos ecossistemas e também de se magnificar a níveis fatais, especialmente para vertebrados predadores. Os resíduos mais comuns nos solos são, sobretudo, os de organoclorados, DDT e dieldrin. O BHC decompõe-se originando compostos que não têm efeito inseticida; o DDT forma produtos tóxicos (DDD e DDE) e outros não tóxicos; o aldrin e o heptacloro decompõem-se nos seus epóxidos tóxicos dieldrin e epóxido de heptacloro. Os organofosforados, por outro lado, decompõem-se rapidamente.

A solubilidade de um agrotóxico está relacionada com a sua persistência: os mais insolúveis são os mais persistentes, isto porque não são facilmente lixiviados ou adsorvidos (Edwards, 1966). O DDT, que é o mais persistente no solo, é o menos solúvel na água (0,0002 ppm); vem a seguir o dieldrin (menos de 0,1 ppm), o aldrin (menos de 0,05 ppm) e o lindane (l0 ppm). Há ainda que considerar a solubilidade orgânica, ou seja, a deposição e acumulação de agrotóxicos nos tecidos adiposos de animais e plantas, que os organoclorados apresentam por serem lipossolúveis. É principalmente devido a essa propriedade que a magnificação biológica ocorre.

Agrotóxicos com pressão de vapor alta frequentemente desaparecem dos solos em menor tempo, por volatilização (Tabela 2).

Tabela 2 – Relação entre pressão de vapor e persistência no solo, após um ano, de alguns inseticidas organoclorados

Inseticida	% no solo	Pressão de vapor (mmHg, 20°C)	Tipo de volatilidade
DDT	80	1,0 x 10	pequena
Dieldrin	75	1,0 x 10	pequena
Lindane	60	9,4 x 10	média
Aldrin	26	6,0 x 10	média
Clordane	55	1,0 x 10	alta
Heptacloro	45	3,0 x 10	alta

De acordo com Edwards (1966).

A volatilidade dos organoclorados parece aumentar: a) com o aumento da concentração no solo; b) com o aumento da umidade relativa do ar sobre o solo; c) com o aumento da temperatura; e d) com o aumento da movimentação do ar sobre o solo. Decresce, por outro lado, nos solos secos que contêm muita matéria orgânica e argila. Parece haver, também, grande perda de organoclorados para a atmosfera por codestilação junto com vapores d'água do solo (Edwards, 1966).

A formulação dos agrotóxicos e o tamanho das partículas são outros fatores importantes. Grânulos tendem a persistir mais do que pós molháveis e pós-secos. Partículas pequenas apresentam grande superfície em relação ao volume e, portanto, são mais suscetíveis à decomposição microbiana ou a outros agentes (Paschoal, 1970).

A persistência dos agrotóxicos nos solos não só está ligada às características do produto em si, mas também às características físicas, químicas e biológicas dos solos. Assim, solos argilosos e com muita matéria orgânica tendem a reter resíduos por maior tempo; isso parece acontecer tanto com os agrotóxicos clorados como com os fosforados. A estrutura do solo influencia grandemente a porosidade e, portanto, a retenção de resíduos. O movimento da água é retardado nos solos de textura muito fina, o que ocasiona um retardamento na volatilização e na movimentação dos tóxicos. A acidez afeta a estabilidade dos minerais de argila e a capacidade de trocas iônicas, o que pode influenciar a estabilidade e persistência dos agrotóxicos; isso parece ser verdadeiro para os herbicidas, mas não para os inseticidas organoclorados. Os organofosforados, por sua vez, persistem por mais tempo em solos ácidos. A decomposição do DDT parece ser acelerada nos solos ricos em ferro e alumínio (Edwards, 1966).

A temperatura do solo é bastante importante. O aumento da temperatura acelera a degradação dos agrotóxicos no solo, principalmente por volatilização e por decomposição química e bacteriológica.

Os microrganismos são frequentemente o principal e algumas vezes o único meio pelo qual os agrotóxicos são eliminados dos ecossistemas; constituem-se, portanto, em importante fator controlador da persistência (Alexander, 1972). O DDT, aplicado a solo estéril, teve apenas 2% de degradação após 20 horas, ao passo que aplicado a solo normal apresentou uma degradação de 10%, no mesmo período. O paration teve 90% de degradação em solo normal e apenas uma pequena percentagem em solo estéril (Edwards, 1966). Pela elevada toxicidade, os agrotóxicos organofosforados podem estar eliminando muitos organismos úteis da micro e mesovidas do solo.

c) Interação dos agrotóxicos com a água

A contaminação das águas normalmente resulta de aplicações diretas, para o controle de mosquitos e de plantas aquáticas indesejadas, ou indiretas, por meio de partículas trazidas pelas enxurradas ou pelo vento de áreas tratadas com agrotóxicos, e por meio de despejos industriais. As enxurradas podem conter resíduos de agrotóxicos em solução ou adsorvidos a partículas de solo. As águas superficiais contêm a maior fração desses produtos; uma pequena parte existe ainda nos lençóis freáticos.

Traços de DDT, endrin, dieldrin, TDE, toxafeno, BHC paration, diazinon, 2,4-D e 2,4,5-T já foram constatados em águas superficiais. Nos leitos de rios e lagos ocorre deposição de muitos agrotóxicos.

A degradação dos agrotóxicos nas águas faz-se, principalmente, por codestilação, evaporação e fotodecomposição. Os dois primeiros processos já foram discutidos. A fotodecomposição, sob efeito de luz ultravioleta, foi verificada para os carbamatos por Aly & El Dib (1972). Esses autores observaram, também, que a razão de fotólise aumenta com o aumento do pH do meio.

O uso prioritário da água para consumo humano deveria requerer isenção de resíduos, porém isso não mais parece ser possível devido aos organoclorados, fosforados e metais pesados. Os níveis de resíduos permitidos para alguns produtos foram estabelecidos pela OMS (1971).[9]

---

[9] Enquanto na União Europeia (UE) o limite máximo de resíduos de agrotóxicos na água potável é de 0,1µg/L, no Brasil o valor é de 2 a 5.000 vezes maior (Bombardi, 2017): atrazina (herb.) 2µg/L (2x maior); acefato (ins./acar.) não estabelecido; malation (ins./acar.) não estabelecido; carbofuran (ins./acar.) 7µg/L (70x maior); 2,4 D (herb.) 30µg/L (300x maior); clorpirifós (ins./acar.) 30µg/L (300x maior); diuron (herb.) 90µg/L (900x maior); marcozebe (fung./acar.) 180µg/L (1.800x maior); tebucomazol (fung.) 180µg/L (1.800x maior); glifosato (herb.) 500µg/L (5.000x maior). O glifosato (roundup) é o herbicida mais usado no Brasil.

Impacto dos agrotóxicos nos agroecossistemas

Os agrotóxicos e outros produtos químicos de uso agrícola não só agem nas populações das pragas como também, e principalmente, nas populações de outras espécies que coabitam o sistema; seus efeitos fazem-se sentir, ainda, nas próprias plantas e nos alimentos que delas resultam.

a) Efeitos nas pragas

Já discorremos, até extensivamente, em capítulos anteriores, sobre a ação dos agrotóxicos nas pragas. Verificamos, entre outras coisas, que os agrotóxicos podem provocar seleção para resistência a produtos químicos e desequilíbrios biológicos, com erupções de pragas e elevação de espécies inócuas à categoria de pragas importantes. Questão importante, a saber, é se os danos causados pelas pragas têm diminuído com o aumento do uso de agrotóxicos.[10]

Em Campo Verde, MT, o herbicida atrazina foi detectado em água de poço (18,96 μg/L), em água superficial (0,25-9,33 μg/L) e em água de chuva (0,21-75,43 μg/L); o inseticida/acaricida endosulfan aparece em água de poço (0,45-0,56 μg/L), em água superficial (0,5 μg/L) e em água de chuva (0-11,45 μg/L) (Moreira *et al.*, 2012), todos acima do limite da UE, sendo impróprias para consumo humano. Endossulfan é agrotóxico de altíssima toxicidade, causador de problemas reprodutivos e endócrinos, sendo banido no Brasil pela Anvisa em 2010; sua comercialização encerrou-se em 2013.

[10] Nos Estados Unidos (como em todos os países), os agrotóxicos não conseguem reduzir os danos causados por pragas, patógenos e ervas invasoras, apesar do uso intensivo de produtos tóxicos usados nos seus controles e da maior toxicidade das substâncias. Para insetos, as perdas, ao contrário, aumentaram desde 1945, ano em que teve início a agricultura química. Em 1945, as perdas devidas aos insetos eram da ordem de 7%; em 1989, elas quase dobraram, passando a ser de 13%, apesar do volume de inseticidas ter aumentado dez vezes no período. Ervas invasoras tiveram pequena redução nos danos causados às culturas pela competição, passando de 14% em 1942 para 12% em 1998, malgrado o uso impressionante de herbicidas aplicados no país (Muir, 2014). No total, os danos causados por espécies daninhas (pragas, patógenos e ervas invasoras) nos Estados

b) Efeitos em outras espécies

Uma importante conclusão derivada dos estudos anteriores foi que os agrotóxicos, de maneira geral, são muito mais desfavoráveis aos inimigos naturais e competidores que coexistem com as pragas nos agroecossistemas do que às próprias pragas. A razão disso é a estrutura das comunidades nos diferentes níveis tróficos das cadeias alimentares. Mas não apenas esses importantíssimos agentes biológicos de regulação populacional são atingidos; várias espécies que vivem nos solos e nas plantas dos agroecossistemas são igualmente afetadas, assim como aquelas que os visitam periodicamente.

Muitos dos agrotóxicos organoclorados provocam reduções nas populações de ácaros predadores que vivem nos solos, com consequentes erupções de insetos colêmbolos, dos quais se nutrem (Wallwork, 1970). Isso tem sido observado após aplicações de DDT e BHC. O aldrin e outros ciclodienos parecem ter pequeno efeito sobre esses ácaros, mas causam reduções drásticas nos ácaros saprófagos, colêmbolos e larvas de insetos (Edwards *et al.*, 1967).

Em geral, os hidrocarbonetos clorados têm pequeno efeito sobre anelídeos e nematoides, com exceção do heptacloro. Produtos organofosforados e carbamatos, tais como paration, sevin e diazinon, causam reduções acentuadas no número de animais do solo. O clorofosforado clorfenvinfos age como o DDT e o BHC nas populações dos ácaros predadores, mas a recuperação

---

Unidos aumentaram, passando de 30% para 37% no período de 1940 a 1990 (Muir, 2014). Desse estudo conclui-se que mais e mais agrotóxicos têm sido usados apenas para manter um nível razoável de controle, já que a reação das pragas aos produtos tóxicos, pelas razões já apontadas, tende a aumentar incontrolavelmente os danos, a menos que as práticas agrícolas sejam mudadas.

A eliminação de ervas invasoras por herbicidas pode afetar o equilíbrio predador--presa nos agroecossistemas, pois muitas delas servem de abrigo para os inimigos naturais das pragas.

desses carnívoros é mais rápida do que quando clorados são usados (Wallwork, 1970). Uma interessante observação é a do efeito do DDT sobre populações de ácaros fitófagos. Aparentemente, certos nutrientes presentes no DDT, como nitrogênio e fósforo, são absorvidos do solo pelas plantas, sendo a seguir metabolizados. Os ácaros retiram esses nutrientes das plantas, o que leva suas populações a crescerem a níveis capazes de causar sérios danos às plantas.

Muitos animais dos agroecossistemas são resistentes à ação dos agrotóxicos. Por exemplo, caramujos, lesmas e répteis podem acumular quantidades apreciáveis desses produtos nos seus corpos, sem sofrerem qualquer ação tóxica. Esses são organismos--chave para a transferência de agrotóxicos ao longo das cadeias alimentares terrestres atuando como agentes de ligação entre as comunidades edáficas e os vertebrados predadores, particularmente as aves que vivem sobre o solo. Por se alimentarem dessas presas contaminadas, ou por ingerirem insetos mortos pelos inseticidas clorados, ou ainda iscas para formigas, esses vertebrados acumulam resíduos nos seus tecidos adiposos. Durante períodos de grande atividade ou de falta de alimentos, as gorduras são utilizadas como fonte energética, sendo os resíduos liberados na circulação, o que provoca a morte dos animais. Um exemplo típico de magnificação biológica em ambiente terrestre é dado por Rudd (1964). A pulverização de elmos com DDT, nos Estados Unidos, para o controle de uma doença fúngica introduzida da Europa, resultou na mortandade de milhões de indivíduos de uma espécie de pássaro, o tordo-americano (*Turdus migratorius*), vários meses depois, causada por ingestão de minhocas, que concentraram o agrotóxico nos seus corpos cerca de 10 vezes a percentagem presente no solo. Uma dieta de 100 dessas minhocas provia uma dose de 3 mg de DDT, fatal para o pássaro. Foram encontradas minhocas contendo resíduos variando de 4 ppm no cordão nervoso até 403 ppm no papo e na moela. Alguns anelídeos apresentaram cerca de 83 ppm de DDT e 33 ppm de DDE oito meses após as últimas pulverizações. Os pássaros, por sua vez, chegaram a exibir máximos de 120, 252 e 744 ppm no coração, cérebro e fígado, respectivamente.

Muitos animais que visitam periodicamente os agroecossistemas ou vivem em seu entorno, como em rios e lagoas, podem se contaminar: a) diretamente, por contato com os agrotóxicos, caso das abelhas e de outros insetos polinizadores (principalmente por ação dos carbamatos),[11] ou por ingerir alimentos contaminados, insetos mortos ou iscas envenenadas, como parece ocorrer com roedores, anfíbios e muitas aves da nossa fauna;[12] b) indiretamente, por meio de magnificação biológica. Os animais domésticos são também vítimas importantes dos agrotóxicos. Em julho de

---

[11] Agrotóxicos neonicotinoides atingem abelhas e outros polinizadores diretamente, por aplicações aéreas; produtos sistêmicos agem indiretamente, sendo absorvidos pelas raízes ou pela parte aérea, contaminando as flores por elas visitadas (uma só abelha visita dezenas de milhares de flores por dia). O resultado é a morte acentuada de colmeias, reduzindo a produção de mel e de outros produtos, e a queda na produção de culturas que dependem de polinização por insetos. No Rio Grande do Sul, o maior produtor de mel do país, 250 mil colmeias foram exterminadas em 2015, notadamente pelos neonicotinoides. Situação parecida ocorre no nordeste, segunda região maior produtora de mel, onde esses agrotóxicos têm dizimado colmeias em áreas de melão. Em São Paulo, o extermínio é devido à pulverização aérea de agrotóxicos em canaviais (Paschoal, 2019).

[12] Em Lucas do Rio Verde, MT, constatou-se a presença de organoclorados (DDT, DDE, aldrin, dieldrin, heptocloro, dicofol, endosulfan etc.) no ambiente aquático e nos anfíbios sapo-cururu (*Rhinella schneideri*) e rã-pimenta (*Leptodactylus labyrinthicus*) (Belchior *et al.*, 2014), alguns teratogênicos, como o endosulfan e o herbicida atrazina, o que provocou má formação das patas em sapos coletados no local. Em vários países foi observado que a atrazina afeta o aparelho reprodutor de sapos machos, diminuindo o nível de testosterona a tal ponto que passam a se comportar como fêmeas, produzindo proles só de machos, causando desbalanceamentos populacionais.

1976, centenas de bois morreram no norte e no oeste do Paraná em virtude do uso indiscriminado de agrotóxicos, principalmente nas culturas de trigo e soja. A principal causa foi um produto fosforado biodegradável.

c) Efeitos no homem

Sequer o homem escapa à ação dos agrotóxicos. A cada ano, muitas pessoas morrem intoxicadas por manuseio desses produtos nas lavouras. O total de acidentes com inseticidas, fungicidas, herbicidas, rodenticidas e fumigantes varia em diferentes países, de 2 a 10% do total de envenenamentos acidentais (World Health Organization, 1973). Nos Estados Unidos, em 1970, 5.729 casos de envenenamento foram assinalados, dos quais 21 foram fatais. Isso representa 5% do total de envenenamentos por produtos químicos; 89% foram devidos à ingestão acidental, 6% à inalação e 5% a contato; 68% dos envenenados eram crianças acima de 4 anos de idade.

No Brasil, não há muitos dados concretos. No Rio Grande do Sul, em fevereiro de 1977, registrou-se a morte por intoxicação com inseticidas de cinco agricultores que trabalhavam em culturas de soja, e o envenenamento, com recuperação, de vários outros. Em Teresina, Piauí, um estudante que aplicava DDT no Colégio Agrícola de Teresina veio a falecer devido à intoxicação com o produto. O número de acidentes e mortes por agrotóxicos no país deve ser alto, porque na maioria das vezes os agricultores desconhecem as consequências graves do manuseio e aplicação errôneos dos tóxicos e por inexistirem registros oficiais. Faltam, porém, dados estatísticos mais completos.[13]

---

[13] As culturas que mais recebem agrotóxicos no Brasil atualmente são: soja (52%), cana (10%), milho (10%) e algodão (7%) (Bombardi, 2017). Culturas que mais

A contaminação química dos alimentos por agrotóxicos e outros produtos de uso agrícola vem assumindo importância crescente, inquietando os cientistas de vários países. Chegou-se hoje a tal ponto que alimentos sem resíduos praticamente não mais existem, toda a preocupação sendo dirigida para reduzir esses resíduos a níveis que, supostamente, não causem danos à saúde do homem.

Os agrotóxicos inorgânicos, muito usados no passado, contribuíram e continuam a contribuir; embora em menor escala, para a contaminação de alimentos com metais de chumbo, arsênio, mercúrio, cádmio e bário.

A contaminação por chumbo, via agricultura, não passa presentemente de 10% do total ingerido com alimentos, água e ar, nos Estados Unidos (WHO, 1973). Na Inglaterra, por volta de 1972, foram estimados os seguintes teores de chumbo em alimentos: cereais (0,17 mg/kg); carne e peixe (0,17 mg/kg); frutas e conservas (0,12 mg/kg); raízes e tubérculos (0,20 mg/kg); vegetais verdes (0,24 mg/kg); e leite (0,03 mg/kg) (109). Nos solos de áreas virgens, o teor de chumbo varia de 8 a 20 mg/kg, e nos solos de áreas agrícolas pode chegar a 300 mg/kg. Calcula-se

---

utilizam aviação agrícola (eucalipto, banana, cana, soja, citros, milho e café) são aquelas onde as intoxicações são mais frequentes. Em São Paulo, a cana lidera as pulverizações aéreas (60%), seguida dos citros (20%) e da banana (15%).

Pulverizações aéreas estão proibidas na União Europeia desde 2009. Soja, milho e algodão, culturas quase que totalmente transgênicas, usam abusivamente do herbicida glifosato (Roundup), potencialmente carcinogênico, afetando também o sistema reprodutor. Nos Estados Unidos, a Monsanto (Bayer) teve de pagar US$ 289 milhões a um homem que teve câncer pelo uso de glifosato. Este veneno é o que mais se usa no Brasil (mais da metade do que é consumido).

De 2007 a 2017, o Ministério da Saúde registrou 25.000 casos de intoxicação por agrotóxicos no Brasil, com quase 2.000 óbitos. Bombardi (2017) acredita ser de 1,2 milhão o número real de intoxicações nesse período, pois para cada caso notificado há 50 não notificados.

que a dose diária ingerida em alimentos seja de 0,3 mg, e com água de 0,02 mg. Os efeitos dos presentes níveis de chumbo sobre a saúde humana não são conhecidos, mas em longo prazo não podem ser negligenciados. O chumbo parece afetar a formação dos glóbulos sanguíneos (Waldbott, 1973).

Resíduos de arsênio têm efeitos cumulativos, ocorrendo em geral, e em alta concentração, em crustáceos e moluscos (de 42 a 174 mg/kg). Praticamente todo tipo de solo contém pequena quantidade desse elemento; nos solos agrícolas, devido ao uso de inseticidas, herbicidas, fungicidas e rodenticidas à base de arsênio, tal quantidade é relativamente mais alta. O arsênio é considerado carcinogênico para o homem (Waldbott, 1973), mas a contaminação ambiente é tida apenas como de importância local (WHO, 1973).

Os alimentos parecem ser a mais importante fonte de contaminação por mercúrio. Amostras de arroz, no Japão, revelaram de 0,2 a 1,0 mg/kg de mercúrio. Na Inglaterra, a média encontrada para vários alimentos foi de 0, 005 mg/kg, e para peixe de 0,2 mg/kg (WHO, 1973). Um teor médio de 0,01 mg por dia de mercúrio ingerido com alimentos foi calculado pela Agência Americana de Proteção Ambiente (WHO, 1973). O nível de tolerância humana é da ordem de 0,3 mg/kg total, dos quais não mais do que 0,2 mg na forma de metilmercúrio.[14]

---

[14] Os mercuriais foram proibidos de venda livre no Brasil em 1965, após o Instituto Biológico de São Paulo ter constatado alta contaminação de tomate e pimentão por mercuriais usados no controle do cancro-bacteriano-do-tomate (*Clavibacter michiganensis michiganensis*); a ação do governo foi rápida, as plantações sendo destruídas, o que levou famílias inteiras de descendentes de japoneses ao suicídio (Pinheiro *et al.*, 1993). Tomates industriais também receberam mercúrio, aplicado por avião, em Pernambuco, em 1980, assim como em tomateiros no Rio Grande do Sul. Neste estado, constatou-se nível de contaminação superior a 300 mg de mercúrio por quilo de tomate, corres-

O emprego desse metal pesado nos agrotóxicos é a segunda mais importante fonte de contaminação ambiente, a primeira sendo de origem industrial e extrativa. Calcula-se que o uso de agrotóxicos e de outros tóxicos contendo esse elemento chegue a 2 mil t/ano. Uma grande variedade de compostos mercuriais tem sido usada para tratamento de sementes de cereais, bulbos e tubérculos. Muitas mortes pelo consumo de sementes tratadas com produtos à base de metilmercúrio foram registradas na Guatemala, Iraque e Paquistão.

O consumo da carne de animais alimentados com cereais contaminados pode ser outra fonte de intoxicação para o homem. A acumulação e a magnificação biológica por meio de cadeias alimentares ocorrem devido à persistência desse metal pesado. Os peixes são capazes de concentrar mil vezes o mercúrio presente na água (a doença de Minamata, no Japão, foi consequência disso).[15]

Populações de aves, principalmente de rapina, têm sido referidas como em declínio devido a acúmulos de mercúrio nas penas e no fígado.

As contaminações humanas com cádmio ocorrem principalmente por meio de magnificação em cadeias alimentares. A dose diária ingerida pelo homem foi calculada em 0,04 mg (WHO,

---

pondente a 60 mil vezes o valor permitido, o que levou à proibição imediata da comercialização de tomates no estado, bem como de mercuriais no Rio Grande do Sul. Em 1979, alta concentração de mercúrio (cerca de mil vezes o permitido) foi constatada em trabalhadores de canaviais paulistas, obrigados a mergulhar toletes em tonéis contendo soluções mercuriais. Também em São Paulo, em 1989, a batata-inglesa, altamente contaminada por agrotóxicos mercuriais, teve sua comercialização proibida no estado.
Peixes do rio Tapajós, que nasce em Mato Grosso, atravessa o Pará e deságua no Amazonas, estão contaminados com mercúrio e metilmercúrio acima do limite máximo de 0,5 μg/g, estabelecido pela OMS, sendo que a dourada (*Brachyplatystoma flavicans*) apresentou nível 5 vezes maior (Arrifano, 2011).

[15] Ver nota anterior

1973). Dos vários agentes que contaminam o ambiente com cádmio, os agrotóxicos à base desse elemento constituem fração significativa. Acredita-se que esse elemento seja capaz de provocar mutações e câncer (Waldbott, 1973).

Os agrotóxicos orgânicos, pelo grande uso que têm atualmente, são os principais agentes contaminadores dos alimentos. Os inseticidas organofosforados não parecem contribuir muito com resíduos. Assim é que os níveis de paration nos alimentos são aparentemente bastante baixos, de 0 a 0,001 mg/kg. Algumas culturas, como a de cenouras, podem conter níveis bastante altos. Os clorofosforados, como o diclorvos, decompõem-se rapidamente deixando muito pouco ou nenhum resíduo nos alimentos. Os carbamatos, como o carbaril, são apenas parcialmente decompostos em substâncias não tóxicas, permanecendo metabólitos com propriedades anticolinesterásicas. A dose diária de ingestão de carbaril foi calculada em 0,02 mg para carnes de vaca, peixe e frango (WHO, 1973).[16]

Os organoclorados, pela maior estabilidade e persistência no ambiente, são os mais problemáticos e perigosos dos agrotóxicos orgânicos, deixando resíduos em quase todos os alimentos em que são usados. Uma importante questão relacionada com esses resíduos é saber se as concentrações presentes são suficientes para

---

[16] Resíduos de agrotóxicos fosforados, carbamatos, clorados e piretroides têm aparecido, com frequência, nos alimentos consumidos no Brasil. Em 2011, a Anvisa (2013) constatou, através do Programa de Análise de Resíduos de Agrotóxicos (Para), que de 2.488 amostras analisadas apenas 37% não apresentaram resíduos, 35% tinham resíduos abaixo do limite máximo permitido (LMR) e 28% eram inadequadas para consumo, por conterem resíduos acima do permitido e pelo uso de produtos não autorizados para culturas. Alimentos mais contaminados: pimentão (92%), morango (64%), pepino (58%), alface (54%), abacaxi (33%), beterraba (33%), couve (32%), mamão (30%), tomate (16%) e laranja (12%). Para o pimentão, 13 agrotóxicos não autorizados foram constatados, entre fosforados, clorados, carbamatos e piretroides (Paschoal, 2012).

causar efeitos biológicos no homem. São citadas comumente na literatura mortes pela ingestão de alimentos contaminados com organoclorados. Na Arábia Saudita, por exemplo, várias pessoas morreram ao ingerir pão preparado com trigo tratado com aldrin (WHO, 1973). A presença de DDT no leite materno tem sido motivo de muitos debates e estudos, principalmente porque as crianças de tenra idade possuem enzimas desintoxicantes em baixa quantidade.[17]

O lindane tem sido usado, na proporção de 3 a 11 mg/kg, para tratamento de pragas de grãos armazenados em muitos países, mormente os tropicais. Aplicações desse mesmo produto em animais têm deixado resíduos na carne e no leite.

Os alimentos são a principal fonte de contaminação pelos organoclorados. É calculado que 90% do DDT ingerido pelo homem provenha dos alimentos; a água e o ar contribuem apenas de modo insignificante (WHO, 1973). Estudos confirmam a presença de níveis bastante significativos de resíduos de organoclorados na dieta humana. Assim é que uma dose diária de 0,05 mg de DDT e de seus metabólitos tem sido referida como comum devido ao consumo de carne de vaca, frango e peixe; o conteúdo médio diário de resíduos de organoclorados na dieta americana é da ordem de 0,04 a 0,5 mg (Hodges, 1973).

DDT e análogos aparecem depositados na gordura humana por serem lipossolúveis. As concentrações variam de acordo com o país, sexo, idade, raça e classe social considerados. Koloyanova-

---

[17] Resíduos de agrotóxicos em rações contaminam os leites de vaca, de cabra e de búfala, que, ao serem ingeridos, naturais ou transformados, causam problemas graves, máxime em crianças. Leite materno apresenta altos índices de contaminação por organoclorados, fosforados, carbamatos e piretroides em várias regiões do país, em áreas de agricultura e pecuária intensivas. Marcão (2015) apresenta boa revisão bibliográfica do assunto.

Simeonova & Fournier (1971) determinaram essas concentrações para 20 países. Os mais altos valores foram encontrados na Índia (32,2 ppm) e Israel (19,2 ppm), países onde os volumes de DDT aplicados eram bastante elevados. Nos Estados Unidos, os índices variam de 5 a 12 ppm. Não há dados para o Brasil. Até hoje nenhum efeito biológico foi observado nessas concentrações nem em outras mais elevadas. A ausência de efeitos em curto prazo, porém, não é garantia para o que poderá ocorrer em longo prazo. Asbestos e radiação, para citar um exemplo, somente exibiram efeitos detectáveis em pessoas contaminadas cerca de 20 a 30 anos após a contaminação. Acredita-se que os efeitos em longo prazo possam ser mutagênicos, teratogênicos e carcinogênicos. DDT, dieldrin, aldrin, heptacloro e mirex são capazes de induzir tumores malignos em ratos e cães. Vários agrotóxicos produzem aberrações cromossômicas em plantas (Hodges, 1973).

Estudos epidemiológicos dos efeitos em longo prazo do DDT no homem acham-se em andamento no Brasil e na Índia, nos programas de controle da malária.

d) Efeitos nas plantas

Muitos compostos organofosforados, quando abundantes no solo, reduzem o crescimento de culturas como milho, da mesma maneira que o lindane e o carbaril (National Academy of Sciences, 1969). O aldrin e o heptacloro parecem não causar problemas; o DDT pode inclusive estimular o crescimento vegetal. Resíduos de DDT e de ciclodienos penetram facilmente nas culturas que são exploradas pelas suas raízes, especialmente cenouras. O lindane penetra facilmente em sementes, mas desloca-se com muita dificuldade. Quando pulverizado sobre plantas, o DDT pode penetrar pela camada cerosa do artículo, onde gradualmente se degrada. Resíduos de DDT em cascas de laranjas têm vida média de 50 dias, mas em alfafa duram apenas 7 dias. Organofosforados como o paration e malation penetram rápido nas cascas de laranjas, onde são metabolizados com uma vida média de dois meses e um mês, respectivamente. Os resíduos superficiais, contudo, não duram mais do que uma semana (National Academy of Sciences, 1969). O fenitrotion tem vida média muito menor, de apenas um dia, no arroz.

Um agrotóxico sistêmico como o mevinfos é rapidamente metabolizado por hidrólise no interior da planta, apresentando vida média de um a dois dias. O schradan é oxidado pela planta resultando em outro produto igualmente tóxico para insetos, que degrada depois de 30 dias em produtos supostamente inofensivos. Dimeton, dimeton metílico, disulfoton e fenate são quase completamente metabolizados pelas plantas em 30 dias.

Muitos agrotóxicos são fitotóxicos, podendo matar imediatamente os tecidos vegetais ou interferir com os processos fisiológicos, reduzindo a eficiência das plantas. Alguns dos compostos organossintéticos podem inclusive provocar queda de botões florais e de pequenos frutos.

Impacto dos agrotóxicos nos ecossistemas naturais

Ao contrário do que ocorre com o homem, inúmeros casos de efeitos manifestos dos organoclorados existem para os animais silvestres. Tais efeitos são evidentes e alarmantes. DDT e análogos concentram-se nas cadeias alimentares, atingindo níveis que causam mortandade elevada em aves e peixes, ou que interferem com sua capacidade reprodutiva. O exemplo dos pássaros mortos ao ingerirem minhocas que concentraram DDT, usado para o controle de uma doença fúngica do elmo nos Estados Unidos, é uma viva demonstração dos efeitos adversos dos agrotóxicos organoclorados na vida silvestre. Outros exemplos são dados a seguir.

A magnificação biológica em ambientes aquáticos tem causado sensíveis reduções nas populações de muitas espécies de aves aquáticas. O exemplo clássico é o do lago Clear, na Califórnia (Owen, 1971). Em 1949, um programa de erradicação de mosquitos resultou em aplicação de 55 mil litros de TDE nas águas do lago. A concentração do inseticida era de apenas 0,02 ppm. Por volta de 1957, duas novas aplicações foram feitas. Alguns anos após o início da campanha, corpos mortos de peixes, patos, gansos e outras aves aquáticas começaram a aparecer nas praias. As populações de mergulhões (*Podiceps spp.*) foram reduzidas drasticamente de 800 para apenas 30 casais, ou seja, apresentaram 98% de decréscimo. Análises das gônadas das aves revelaram altas concentrações de TDE, e a causa das mortes foi atribuída à concentração biológica havida. Nas águas o inseticida ocorria numa concentração de 0,02 ppm; os crustáceos, por sua vez, mostravam 5 ppm; os peixes que se alimentavam desses crustáceos apresentavam concentrações de centenas de ppm; e as gônadas do mergulhões ictiófagos mostravam uma incrível concentração de 1.600 ppm, isto é, 80 mil vezes a concentração original presente nas águas do lago. Além do alto índice de mortandade observado, o TDE interferiu grandemente na reprodução dessas aves. Dez anos mais tarde, um ovo de mergulhão ainda exibia 808 ppm, indicando a grande persistência desse produto químico.

A morte de peixes, aves e mamíferos certamente ocasiona redução nas populações desses vertebrados. Mas os efeitos subletais dos agrotóxicos orgânicos parecem impor consequências mais drásticas na densidade populacional, envolvendo redução do vigor, modificação do comportamento, atraso no crescimento e diminuição da capacidade reprodutiva. Os produtos do grupo do DDT e os ciclodienos são mutagênicos, isto é, são capazes de induzir mutações nos materiais hereditários, que não só reduzem a vitalidade dos animais, como são transmitidas aos descendentes (Owen, 1971). Observações *in natura* têm confirmado modificações do comportamento animal, induzidas pelos agrotóxicos, que aumentam a vulnerabilidade à ação dos predadores. Isso tem sido verificado para insetos, peixes, aves e roedores.

Os organoclorados têm sido responsabilizados pelo declínio de muitas espécies de aves em todo o mundo, principalmente aquáticos e de rapina, por interferência nos processos reprodutivos. Os agrotóxicos agem no sentido de atrasar os acasalamentos, de fazer com que os ovos não sejam mais postos, ou com que os ovos postos se quebrem com facilidade, o que resulta em reduções drásticas das proles. Níveis subletais de agrotóxicos organoclorados interferem no metabolismo do cálcio, provavelmente por inibição da enzima anidrase carbônica e das membranas proteicas, assim como por interferências hormonais (Risebrough *et al.*, 1970; Robinson, 1970; Keith, 1970; Stickel & Rhodes, 1970), fazendo com que esse elemento se torne disponível em quantidades mínimas, o que causa o afilamento da casca dos ovos, tornando-a fraca. Esse decréscimo da espessura e peso da casca dos ovos coincide com o uso dos organoclorados, e pode ser verificado por comparações com ovos de aves de coleções de museus (Hodges, 1973).

Os peixes também são afetados seriamente pelos agrotóxicos organoclorados. Segundo Ferguson (1970), os agrotóxicos representam força seletiva capaz de alterar o mecanismo evolutivo de muitas espécies de peixes. Resistência genética, distúrbios na composição comunitária, redução da competição, redução da ação predatória e interferência com os mecanismos de adaptação podem produzir mudanças em longo prazo no potencial evolutivo. Em adição, os agrotóxicos alteram os padrões de comportamento e relacionamento ecológico de maneira a provocar mudanças adaptativas e de distribuição. Pode ocorrer grande mortandade de peixes por contaminação de mananciais por águas de drenagem provenientes de campos de cultura tratados com agrotóxicos persistentes, não biodegradáveis. Levantamentos conduzidos em Wisconsin, EUA, no período entre 1965-1967, revelaram que cada um dos 2.673 peixes pertencentes a 37 espécies coletados em lagos e rios continha DDT ou outros organoclorados (Owen, 1971). Vários autores foram capazes de correlacionar resíduos de agrotóxicos em tecidos de peixes e reduções de fertilidade, fecundidade e crescimento. Tais efeitos subletais podem ser tão importantes quanto a mortandade direta, nas reduções das populações (Butler, 1970; Hunt & Linn, 1970). O metoxicloro é extremamente tóxico para peixes, mas é virtualmente não tóxico para os animais de sangue quente (National Academy of Sciences, 1969). O TDE pode acumular-se nos peixes sem causar-lhes morte, mas constitui problema para as aves ictiófagas. Alevinos de truta são muito sensíveis aos resíduos de DDT; concentrações de apenas 3 ppm determinam falhas na eclosão.

Também foram observados, por diferentes autores, efeitos adversos dos organoclorados em mamíferos. Modificações histológicas ao nível celular e subcelular foram referidas por Ortega (Ortega, 1970); alterações no comportamento, por Woolley (1970), Revzin (1970) e outros. Os mamíferos são capazes de acumular até 1.000 ppm DDT nos tecidos adiposos. O TDE e o metoxicloro são rapidamente metabolizados por esses animais. Os ciclodienos mesmo em baixas concentrações são tóxicos aos mamíferos, acumulando-se rapidamente nas gorduras. O lindane é metabolizado a triclorobenzeno e fenóis, sendo excretado de maneira que apenas pequena porção seja acumulada (National Academy of Sciences, 1969).

A possibilidade de que os agrotóxicos organoclorados estejam também afetando a fotossíntese e o crescimento do fitoplâncton marinho tem sido verificada por experimentos (Wurster Jr., 1968; Menzel, 1970). Muitos dos organofosforados e carbamatos raramente originam resíduos persistentes nos animais. O malation é rapidamente metabolizado pelas aves e mamíferos, sendo virtualmente não tóxico. O fention, por sua vez, pode acumular-se nos tecidos adiposos de peixes.[18]

---

[18] Organoclorados (endosulfan), organofosforados (malation), carbamatos (carbaril), piretroides (cipermetrina) e herbicidas (glifosato) têm sido associados, em estudos ecotoxicológicos, a anormalidades morfofisiológicas em anfíbios (sapos e rãs), em cursos d'água próximos de áreas agrícolas, em que tais produtos são usados. Os efeitos são diretos (perda da capacidade natatória de larvas, mudança de sexo em adultos, e alterações morfológicas) ou indiretos, por meio de desequilíbrios biológicos, uma vez que sapos e rãs são importantes agentes controladores de pragas e de vetores de doenças humanas e animais (Moreira *et al.*, 2012).

SÃO OS AGROTÓXICOS NECESSÁRIOS?

Certamente, confrontamo-nos hoje com um sério dilema. De um lado, a progressiva demanda de alimentos e a crescente necessidade de proteger vidas humanas, para o que os agrotóxicos aparentemente são imprescindíveis; e de outro lado, a crescente preocupação com os efeitos colaterais adversos desses produtos tóxicos sobre a saúde humana e a sobrevivência de muitas espécies animais e vegetais, o que torna os agrotóxicos obviamente indesejáveis. O confronto de opiniões se verifica entre duas escolas distintas. Uma delas é a dos entomologistas orientados economicamente, apoiados pelos fabricantes de agrotóxicos, que advogam a necessidade de maior uso desses produtos para atender às necessidades alimentícias de uma população humana sempre crescente. A outra é a dos entomologistas orientados ecologicamente, apoiados pelos ecologistas e conservacionistas, que advogam a necessidade da redução do volume dos agrotóxicos usados, os quais devem ser substituídos por processos naturais de controle, dentro de uma filosofia nova de manejo integrado de pragas, baseada em sólidos princípios ecológicos. A necessidade do controle da natalidade e da manutenção dos índices demográficos de crescimento próximos de zero são complementos dessa filosofia.

Algumas medidas já foram tomadas. Várias nações europeias, lideradas pela Suécia, aboliram o uso do DDT e análogos. Na Inglaterra, o uso desses produtos está sob rigoroso controle governamental. Na Alemanha, a abolição do uso do DDT deu-se há alguns meses atrás. Na América, os Estados Unidos proibiram o uso do DDT e análogos, colocando sérias restrições para o uso dos organoclorados e de alguns fosforados e metais pesados. Entretanto, nos países subdesenvolvidos e em desenvolvimento, poucas providências têm sido tomadas, o que não permite solucionar o problema globalmente em termos da biosfera, devido ao deslocamento rápido, via atmosfera e hidrosfera, de grande parte dos agrotóxicos organoclorados. Nos países desenvolvidos, as práticas de manejo integrado têm merecido as atenções governamentais, com aplicações de verbas vultosas para pesquisas nesse setor.

Necessidade para a agricultura

Embora haja discordâncias quanto à maneira de usar os agrotóxicos, as duas escolas parecem concordar com a ideia de que esses produtos tóxicos somente devem ser empregados dentro de certos requisitos, de que trataremos mais tarde.

Nos países industrializados, onde a população humana cresce vagarosamente, os agroecossistemas são bastante eficientes e produzem alimentos e outros produtos mais do que o necessário para o consumo normal. O número de agricultores é pequeno, com tendência a diminuir. A agricultura, então, depende cada vez mais do aumento da produção em áreas constantes ou mesmo decrescentes. Nesses países, há necessidade de estabilizar a produção em função do consumo, em vez de obter a máxima produtividade em áreas extensas (Bunting, 1970).

Nos países não industrializados, onde as técnicas agrícolas são ainda primitivas e os rendimentos por área muito baixos, a população humana cresce em ritmo exponencial, de maneira que grande parte dessa população é obrigada a praticar a agricultura como meio de subsistência, já que o número de empregos para outras atividades é reduzido. A quantidade de agricultores é, portanto, bastante grande, com tendência a aumentar. Nesses países, é necessário o aumento da produção por unidade de área e o aumento, quando possível, da área cultivada. A maioria dos povos subnutridos do mundo, que hoje totaliza de um terço a metade da atual população humana, estimada em 3 bilhões, vive nesses países subdesenvolvidos, de agricultura precária.

As estratégias para os agroecossistemas, tanto dos países desenvolvidos quanto dos países subdesenvolvidos ou em desenvolvimento, voltam-se para o aumento da produção por área, uma vez que é limitada a possibilidade de destinar novos locais à agricultura. De acordo com um documento preparado pelas Nações Unidas, denominado "Estatística da fome", há no mundo 5 hectares de terra *per capita*, dos quais 0,5 hectare é cultivado presentemente; do total de terras, apenas mais 1,0 hectare *per capita* pode suportar agricultura. Essas áreas evidentemente incluem terras que ainda são cobertas por florestas naturais, entre as quais a floresta tropical amazônica e outras similares da África e da Ásia. Sabe-se perfeitamente, porém, que a agricultura nos solos dessas exuberantes florestas é uma utopia, pois os nutrientes acham-se não nos solos, mas na biomassa vegetal e animal viva (Colinvaux, 1973; Goodland & Irwin, 1975).

Várias técnicas agronômicas permitem aumentar a produção por unidade de área, incluindo-se modificações físicas e químicas dos solos (adubações, entre outras); modificações das características das plantas (melhoramento genético, por exemplo); e eliminação de organismos que competem com as culturas por nutrientes, água e luz (ervas invasoras) ou que se utilizam das plantas para o seu sustento (herbívoros e patógenos). As técnicas para o controle das pragas incluem várias alternativas que se baseiam nas características das plantas (resistência ou tolerância a pragas), das pragas em si (adaptabilidade, genes letais, comportamento e reprodução), do ambiente biológico (inimigos naturais, competidores e patógenos), do ambiente físico (luz, temperatura, som etc.), das culturas (diversidade, rotação e outras) e dos fatores exógenos (fertilizantes, inseticidas, acaricidas, herbicidas, fungicidas etc.) (Figura 2). Nos países em processo de desenvolvimento, como o Brasil, todas essas possibilidades de controle de pragas têm sido negligenciadas em favor do uso dos agrotóxicos.

Por serem simplificados, os agroecossistemas são por si próprios sistemas geradores de pragas, o que em parte justifica o uso dos agrotóxicos. Mas, devido aos efeitos colaterais adversos que a maioria desses produtos apresenta, fatores naturais de controle devem ser utilizados com muito mais intensidade para que o uso e o impacto desses tóxicos sejam diminuídos. Isso é particularmente necessário e desejável para os países tropicais e subtropicais, onde os agentes naturais de controle biológico são abundantes e potencialmente eficientes.

Em um passado já distante, ocorriam reduções devidas às pragas nas produções agrícolas pela própria natureza instável dos agroecossistemas. No presente, o comércio e a Revolução Industrial agravaram sobremaneira o problema das pragas no mundo todo. Parece que, nas condições atuais da agricultura e da civilização humana, os agrotóxicos são imprescindíveis, mesmo para as práticas de manejo integrado. Embora já disponhamos de muitos outros mecanismos de combate às pragas (controle biológico, hormônios, variedades resistentes, esterilização etc.), nenhum deles é capaz de reduzir altas populações de pragas em curto espaço de tempo, evitando, assim, danos de monta. Os agrotóxicos seletivos podem equilibrar as interações dos inimigos naturais com as pragas, quando estas tendem a formar populações muito além do que os inimigos podem controlar satisfatoriamente. Sob esse aspecto eles são instrumentos úteis para manejo integrado. Não resta a menor dúvida de que se abolíssemos o uso de todos os inseticidas, herbicidas, fungicidas, rodenticidas etc. nos agroecossistemas, as perdas devidas às pragas e aos patógenos seriam muito grandes, a ponto de agravar o problema da fome e da subnutrição no mundo. Somente os insetos causam prejuízos da ordem de 21 bilhões de dólares anualmente, em escala global (Borgstron,1965). Ratos, insetos e fungos destroem anualmente 33 milhões de toneladas de alimentos em todo o mundo, o suficiente para alimentar mais de 100 milhões de pessoas (Owen, 1971). Uma doença fúngica capaz de destruir 90% das culturas de arroz contribuiu significativamente para a crise de fome na Índia em 1943. Ainda nesse país, onde o número de ratos supera o de pessoas na proporção de 10 para 1, até 30% das colheitas são consumidas pelos roedores. Em 1962, os ratos foram responsáveis por perdas de 35 a 45% nas lavouras do Vietnã. Na Europa, o nematoide dourado da batatinha (*Heterodera rostochiensis*) devastou tanto a cultura que só foi possível produzir esse alimento básico com rotações de quatro anos.[1]

---

[1] Os sistemas agrícolas convencionais, da agricultura industrial, são sistemas geradores de pragas, patógenos e ervas invasoras, pelas seguintes razões: monoculturas extensivas, de pequena ou mínima biodiversidade; ausência de rotações de culturas, ou de rotações sem o uso de plantas recuperadoras do solo (adubos verdes, forrageiras em pastagens temporárias etc.); não uso de variedades resistentes e tolerantes e, sim, de variedades de alta resposta a adubos solúveis, de híbridos e de transgênicos; solo sem matéria orgânica, desprovido de micro e mesovidas úteis às culturas; uso de fertilizantes minerais solúveis e agrotóxicos de síntese, que por desequilibrarem a bioquímica das plantas aumentam as populações de espécies daninhas; uso de agrotóxicos, causadores de desequilíbrios biológicos. Tais sistemas, gerados por pacotes tecnológicos de semente-adubo-agrotóxico,

No Brasil, as perdas para as pragas parecem ser também bastante altas. Giannotti *et al.* (1972) registram dados de perdas para diferentes culturas, citados por vários autores. A broca-do-café chegou a causar prejuízos da ordem de 100 milhões de cruzeiros anuais no período de 1947/1948. O pulgão-do-algodoeiro pode produzir quebras de 43% na produção; a lagarta-da-espiga-do--milho, de 17%; o pulgão-da-batatinha, de 32%; o tripés-do--prateamento-do-amendoim, de 30%; a broca-da-figueira, de 20 a 30%; e o caruncho-do-milho, de 62%.

Nos Estados Unidos, onde as estatísticas são mais completas, calcula-se que as perdas no campo devidas a insetos sejam de 15% para a alfafa, 12% para o milho, 13% para a maçã, 19% para o algodão, 6% para os citros, 4% para o arroz e 3% para a soja. A média de perda para os sete produtos é de 13%, e o custo médio para o controle das pragas dessas culturas, no período 1951-1960, foi de 731 milhões de dólares. Calcula-se que, se os agrotóxicos não mais pudessem ser usados nesse país, a produção agrícola e pecuária decresceria de 25 a 30% em curto período de tempo; perdas extras de 5% para legumes e de 15 a 20% para cereais seriam causadas pelas pragas dos produtos armazenados. Os alimentos se tornariam escassos e mais caros, uma vez que há relação direta entre controle, suprimento alimentício e custo dos víveres (Walker, 1970). Segundo Walker, as perdas anuais nos Estados Unidos são da ordem de 11 bilhões de dólares, assim distribuídos: doenças (2.700 milhões), nematódeos (370 milhões), insetos (5.500 milhões) e ervas invasoras (2.459 milhões).

foram desenvolvidos para o consumo abusivo de agrotóxicos, daí sua dependência desses venenos. Pelo contrário, a agricultura orgânica não usa agrotóxicos por serem eles desnecessários, alicerçando seus fundamentos em sólidos princípios e técnicas agroecológicas (Paschoal, 1994).

Não poderemos ignorar, entretanto, que por mais reais e convincentes que sejam esses dados de perdas causadas pelas pragas, eles não justificam o volume fantástico de agrotóxicos colocados pelo homem na biosfera. No Japão, foram aplicados cerca de 10,8 kg de agrotóxicos por hectare (princípios ativos) em 1963, quantidade elevada para 12,0 kg por hectare em 1970 (Ishikura, 1972). O número de compostos químicos usados como agrotóxicos passou de 30, em 1950, para 163, em 1960, e 411, em 1970. O número de marcas registradas aumentou de 1.773, em 1955, para 3.004, em 1960, e 5.698, em 1970. A arrecadação industrial com a venda desses agrotóxicos foi de 2 bilhões de ienes, em 1950, 24,7 bilhões, em 1960 e 82,8 bilhões, em 1970 (Ishikura, 1972).

Nos Estados Unidos, Matsumura (1972) calcula que o uso total de agrotóxicos (formulações) seja da ordem de 44 kg/ha (8 lb/acre) e que 22 milhões de t de agrotóxicos foram usadas nesse país desde 1945 (a produção média anual recente é de 2,2 milhões de toneladas). Das 880 mil t de inseticidas usadas nos Estados Unidos em 1964, 374 mil t foram empregadas nos agroecossistemas (42,5%), das quais 198 mil t (53%) somente no algodoeiro. De apenas organoclorados, os Estados Unidos usaram mais de 60 mil t em 1963. No período 1966/1967, a produção mundial de DDT foi de 85 mil t, das quais somente os Estados Unidos consumiram 27 mil t (Brooks, 1972).

Na Inglaterra, Brooks (1972) afirma que 4 milhões de hectares são plantados com culturas de cereais, raízes, tubérculos, legumes etc., e que aproximadamente 760 mil kg de inseticidas foram usados no período 1966-1968. Isso permite estimar o uso dos agrotóxicos como sendo da ordem de 5,2 kg por hectare (princípios ativos).

As perdas de 20 a 30% na produção agrícola, que se acredita possam ocorrer caso todos os inseticidas, fungicidas e outros tóxicos sejam abolidos, apenas refletem o fato de que somente esses produtos têm sido usados no combate às pragas e doenças. Com pouquíssimas exceções, as pesquisas no campo da fitossanidade voltadas para outros mecanismos de controle de pragas foram tremendamente reduzidas e desacreditadas com o aparecimento no mercado dos "infalíveis" agrotóxicos organossintéticos. Se as pesquisas nos setores de variedades resistentes, controle biológico, controle mecânico, controle físico, controle genético, controle cultural, repelentes e atraentes, hormônios, esterilização etc., tivessem continuado em ritmo normal após a Segunda Guerra Mundial, a abolição do uso de todos os agrotóxicos teria hoje um impacto muito menor na economia e no bem-estar do homem contemporâneo, com perdas menores do que se preconiza atualmente. O manejo integrado de pragas, de que tanto ouvimos falar nos dias presentes, é uma solução de emergência que chega um pouco tarde.

Necessidade para a saúde pública

Os agrotóxicos constituem o mecanismo principal para o controle das pragas que são vetores de doenças humanas. O DDT, principalmente, tem contribuído para o controle de pelo menos 27 dessas doenças, entre as quais malária, filariose, dengue, febre amarela, encefalite, tifo, peste, disenteria, leishmaniose, doença do sono, cólera, doença de Chagas, tularemia e outras mais. Por volta de 1953, pelo menos 5 milhões de vidas foram salvas e 100 milhões de casos de doenças foram prevenidos com o uso do DDT para o controle de malária, tifo, disenteria e outras doenças, cujos agentes são transmitidos por artrópodes e roedores (Durhan, 1970).

A malária é o exemplo mais evidente de uma doença controlada por agrotóxicos. Dos 147 países e territórios que apresentavam originalmente problemas com a malária, 23 clamam ter erradicado a doença (McKelvey Jr., s/d). Há pouco mais de 20 anos, cerca de 200 milhões de pessoas contraíram malária no mundo. Em 1953, existiam, só na Índia, 75 milhões de doentes, e a vida média no país era de 32 anos. Com o uso do DDT, o número de casos foi reduzido para 100 mil em 1967, e a média de vida passou para 47 anos. No Ceilão (atual Sri Lanka), havia, em 1950, 2 milhões de casos de malária; com a introdução do DDT, o número de pessoas doentes baixou para 17 em 1963.

Resultados tão animadores como esses nos fazem esquecer os efeitos colaterais adversos dos organoclorados. Mas não teria o homem interferido com os agentes naturais, como o fez na agricultura, agravando as interações balanceadas entre a sua espécie e a dos seus patógenos e dos vetores desses, a ponto de se tornar necessária a intervenção pelos agrotóxicos? E o que temos feito em termos de controle de vetores em benefício da nossa própria espécie?

A resposta à primeira pergunta parece ser sim e as razões são várias. Em primeiro lugar, as concentrações humanas nas cidades favorecem a disseminação de microrganismos patogênicos e a proliferação de vetores de doenças humanas como ratos, pulgas, piolhos e percevejos. Um exemplo típico deste caso é o da peste bubônica que matou 43 milhões de pessoas na Europa no século XIV. Essa doença bacteriana é transmitida pela pulga comum dos roedores, sendo capaz de provocar terríveis pandemias em comunidades superpopulosas e de higiene precária. Outro exemplo é do tifo murino, também transmitido ao homem pela pulga dos ratos e de pessoa a pessoa por meio do piolho humano.

Outra razão são as modificações do ambiente para o estabelecimento da agricultura ou de projetos de irrigação e de barragens, criando condições favoráveis à multiplicação dos vetores. A malária é provavelmente uma das mais antigas doenças tropicais que o homem tem conhecimento, mas a sua importância coincide com o início da agricultura.

Na África, por exemplo, a disseminação da doença está intimamente relacionada com o aumento das áreas agrícolas (Reid *et al.*, 1974). O *Anopheles gambiae*, transmissor do protozoário que causa a malária no continente africano, requer água estagnada e ausência de sombra para se reproduzir. Os primeiros agricultores, ao derrubarem as matas, criaram condições muito favoráveis ao mosquito por eliminarem a sombra das árvores e reduzirem a capacidade dos solos de absorver água. Contínuas migrações desses agricultores contribuíram para agravar o problema da doença na África. No outrora belo e natural rio Zambesi, uma gigantesca barragem foi erguida com o propósito principal de produzir energia elétrica. Muitos problemas imprevistos vieram comprometer seriamente, mais tarde, a validade da obra (Paschoal, 1976). Uma das piores consequências foi o notável incremento populacional das moscas tsé-tsé, transmissoras do tripanossomo causador da doença do sono, favorecidas que foram pelo aumento da área litorânea, com a formação do lago da represa. O resultado final foi a severa epidemia da doença no homem e no gado, o que levou milhares de pessoas a abandonarem suas culturas ribeirinhas e a mudarem-se para as cidades.

No Egito, a gigantesca represa de Assuã, cuja primeira etapa foi inaugurada em 1907, foi projetada para permitir a irrigação de vasta área do país e assim desenvolver consideravelmente a agricultura. A alteração do fluxo do caudaloso Nilo, que controlava com suas enchentes as populações dos caramujos hóspedes do verme da esquistossomose, criou um imenso lago permitindo a disseminação da doença em áreas onde outrora era desconhecida. Estimativas cuidadosas sugerem que de 55 a 70% da população do país adquirirá a doença, à medida que as águas continuem espalhando os caramujos e os vermes em áreas cada vez maiores. Isso representará uma população de 18 a 24 milhões de doentes que deverão ser cuidados. Embora a represa de Assuã traga novas terras para a agricultura, os gastos com as medidas de controle da doença provavelmente ultrapassarão os ganhos gerados pelos novos produtos agrícolas (Paschoal, 1976). Entre nós, a represa de Itaipu levará a semelhantes resultados. O gigantesco lago de 1.350 km favorecerá a disseminação das espécies de bionfalárias hospedeiras do *Schistosoma mansoni*, o que deverá aumentar tremendamente o número de pessoas atingidas pela doença no Brasil (que atualmente é de 10 milhões), e também no Paraguai (Paschoal, 1976).

Outra razão ainda é a introdução acidental de vetores em novas áreas. Essas espécies exóticas são potencialmente muito perigosas quando bem sucedidas nas novas condições. A introdução do *Anopheles gambiae* no Nordeste do Brasil, em 1929, foi um desses casos, resultando em inúmeras mortes e no emprego de grande quantidade de agrotóxicos para debelar a doença. A invasão de ratos contaminados com a bactéria da peste bubônica, trazidos por navios da China para a Índia, África do Sul e outros países, causou pandemias que resultaram em milhões de mortes, e no uso atual de toneladas de rodenticidas para o controle dos vetores.

Não restam dúvidas, portanto, que o homem tem ignorado os princípios ecológicos que regem o equilíbrio da natureza, agravando a intensidade das doenças humanas, por propiciar condições que favoreçam os seus vetores, quer aglomerando-se nas cidades, quer estabelecendo agricultura, barragens, irrigações e comércio. Essa situação exige a intervenção dos governos e de instituições internacionais como a Organização Mundial de Saúde (OMS), que se têm valido apenas dos agrotóxicos para solucionar a maioria desses problemas que o próprio homem criou.

Com relação à segunda questão, os exemplos anteriores levam à conclusão de que quase nada temos feito de significativo e duradouro em benefício da saúde do homem no mundo. A suspensão do uso dos agrotóxicos para o controle dos vetores de doenças também leva a essa conclusão, pois as epidemias voltam a ocorrer mesmo nos países que dizem ter erradicado doenças. No Ceilão (Sri Lanka), por exemplo, onde, após uma campanha de vários anos e o uso continuado do DDT, apenas 17 casos de malária existiam em 1963, a suspensão do programa de controle dos mosquitos ocasionou terrível epidemia, que por volta de 1968 afetava 4 milhões de pessoas, de uma população de apenas 13 milhões de habitantes (McKelvey Jr., s/d). Epidemias de doença do sono são registradas com frequência na África, apesar de todo o controle imposto.

Tal como na agricultura, desde o aparecimento dos agrotóxicos organossintéticos todas as pesquisas básicas dirigidas para a busca de fatores naturais de controle dos vetores de doenças humanas foram desencorajadas, confiança sendo depositada por completo nos tóxicos que livrariam o mundo de qualquer tipo de praga. A história veio provar o contrário. Apesar de todo o volume de agrotóxicos empregado, e depois de tantos anos de uso, o homem jamais conseguiu eliminar da biosfera sequer uma espécie de artrópode praga.

Também na saúde pública, o manejo integrado das pragas é uma necessidade urgente. Não poderemos mais confiar apenas na ação controladora dos agrotóxicos, mesmo porque insetos, carrapatos, roedores e moluscos têm exibido resistências aos produtos usados para o seu controle. O que teremos de buscar são fatores ecológicos naturais controladores de populações para que, manipulando o ambiente efetivo das pragas ou as características hereditárias intrínsecas de cada espécie daninha, possamos manter suas populações em níveis tais que não causem danos ou epidemias.

Planejamento de novos agrotóxicos

Deve ter ficado claro, dos estudos anteriores, que outras técnicas de controle de pragas devem ser pesquisadas e implantadas a fim de reduzir o impacto dos agrotóxicos no ambiente; também que iremos precisar desses produtos, embora em menor quantidade, mesmo nas práticas de manejo integrado, quer na agricultura, quer na saúde pública.

Entretanto, os agrotóxicos não deverão continuar sendo usados como atualmente. É preciso que se reconheça que as indústrias de produtos químicos sintéticos têm falhado na produção de agrotóxicos perfeitos, que não sejam tóxicos para o homem e animais superiores, como também para outras espécies úteis, e que sejam biodegradáveis a ponto de não se acumularem no ambiente causando poluição. Produtos como o DDT, BHC e plásticos apresentam configurações moleculares que não existem no ambiente natural e, por isso, resistem à degradação imposta pelos microrganismos. Os fabricantes de agrotóxicos são industriais que procuram obter maiores lucros com a venda dos seus produtos, para os quais planejamento e obtenção de registro custam muito dinheiro. Não é de estranhar, pois, que as firmas de agrotóxicos usem todo o tipo de propaganda, e muitas vezes falsas recomendações, dosagens e formulações, para terem suas vendas aumentadas. Esta situação é particularmente crítica em países como o Brasil, onde o uso dos agrotóxicos cresce a cada ano e a legislação que controla esse uso não existe ou não é rigorosamente cumprida (Paschoal, 1973).[2]

---

[2] Os agrotóxicos foram disciplinados no Brasil pela Lei n. 7.802, de 11 de julho de 1989 (Lei Federal dos Agrotóxicos), regulamentada pelo Decreto Lei n. 4.074, de 4 de abril de 2002. Antes dela, os estados haviam elaborado leis estaduais de agrotóxicos, liderados pelo Rio Grande do Sul (Lei n. 7.747, de 22 de dezembro de 1982), pelo Paraná (Lei n. 7.827, de 29 de dezembro de 1983), por São Paulo

É necessário reconhecer, também, que os agricultores têm parte da culpa quando usam produtos não recomendados, formulações, doses e equipamentos errados, ou aplicam os tóxicos de maneira inadequada, em locais, tempos e condições atmosféricas as menos indicadas possíveis, ou quando os armazenam e deles se descartam impropriamente.

Se somos inclinados a admitir que precisaremos dos agrotóxicos por muitos anos ainda, para suprir as crescentes necessidades humanas de alimentos e fibras (pelo menos até que a população se estabilize, como se faz necessário, próximo de zero de crescimento demográfico) e para proteger a saúde humana contra os vetores de doenças, teremos também de nos preocupar em evitar os efeitos colaterais dos agrotóxicos no ambiente e em preservar a qualidade da vida na Terra. Para isso, precisamos não apenas introduzir novos métodos de controle de pragas, mas também modificar as propriedades intrínsecas dos agrotóxicos e a legislação concernente ao seu uso no mundo todo, e educar a população para o uso racional desses produtos (Paschoal, 1973). Como não dispomos ainda de agrotóxicos perfeitos, a medida emergencial é a redução do uso desses produtos por meio de técnicas de manejo integrado, de que trataremos no próximo capítulo.

Um agrotóxico para ser perfeito, sob o ponto de vista ecológico e econômico, teria de ser o mais específico possível, de maneira a não ser tóxico ao homem, aos animais superiores e às espécies de invertebrados úteis; teria persistência média e seria biodegradável a nível tal que controlaria economicamente as pragas sem acumular-se nas cadeias biológicas. É claro, todavia, que não estamos interessados em agrotóxicos perfeitos de uso geral, uma

---

(Lei n. 4.002, de 5 de janeiro de 1984) e pelo Rio de Janeiro (Lei n. 801, de 20 de novembro de 1984) (Gelmini,1991).

vez que cada caso requer um tipo específico de produto químico. Um inseticida perfeito para o controle de pragas do solo seria não tóxico para os vertebrados, não tóxico para as culturas, microfauna e microflora, ligeiramente sistêmico e persistente por cerca de um ano (Edwards *et al.*, 1966). Um herbicida perfeito deveria ser específico para ervas invasoras, ser tolerável pela cultura e ser persistente durante o período de uma estação, para não causar danos às culturas subsequentes (Mitchell, 1966). Um produto esterilizante de solos deveria ainda resistir à lixiviação e à decomposição rápida.

A pergunta que logo vem à mente é: seria possível produzir-se agrotóxicos persistentes, biodegradáveis e seletivos? A resposta parece ser pela afirmativa, e por duas maneiras se poderia chegar a isso. A primeira delas seria modificando a molécula estrutural dos agrotóxicos persistentes não degradáveis (hidrocarbonetos clorados) a fim de transformá-los em produtos biodegradáveis e ainda persistentes. Esses produtos substituiriam o DDT e os outros tóxicos não degradáveis. O metoxicloro tem sido indicado, pela sua biodegradabilidade, como substituto para o DDT (Metcalf, s/d). A segunda maneira seria a *procura* de produtos de ocorrência natural ou derivados desses, com moléculas similares e que sejam biodegradáveis. Tais produtos precisam ser quimicamente estáveis, mas sensíveis à fotólise e à degradação por microrganismos.

A outra característica desejável, ou seja, a seletividade, pode ser obtida modificando-se a estrutura molecular dos produtos existentes. O dication, um análogo do paration (MSR = 4,0; MSR = *Mammalian Selectivity Ratio*), é muito mais seletivo (MSR = 202) e, portanto, menos tóxico aos mamíferos. O mesmo se poderá dizer do dinitofenotion (MSR = 219). Por que razão esses produtos menos tóxicos não são usados no lugar do seu ancestral? É que o paration é mais barato e altamente eficiente. É preciso, pois, não apenas modificar as propriedades dos agrotóxicos, mas também a legislação sobre o seu uso, para que as substituições resultem aplicáveis.

A substituição de agrotóxicos por outros deverá sempre merecer as atenções mais cuidadosas. Swift (1970) relata o que aconteceu no vale de São Joaquim, na Califórnia, EUA, no período 1959-1969. Em 1959, houve uma grande contaminação do leite por DDT aplicado diretamente nas vacas ou indiretamente na alfafa. Apesar das restrições impostas, até 1963 os resíduos eram altos devido à presença de animais com elevado teor de DDT na gordura, como ainda pelas contaminações do feno e do leite por DDT, levado por correntes aéreas dos campos de algodão, feijão e tomate. O Departamento de Agricultura da Califórnia colocou, então, o uso do DDT sob severa restrição, de maneira que os usuários eram obrigados a obter permissão governamental. Já em 1964, o total de leite contaminado baixou para menos de um terço do observado nos anos anteriores.

Os produtores de algodão, feijão e tomate passaram a usar agrotóxicos organofosforados e carbamatos devido às restrições impostas ao uso dos clorados persistentes. O resultado foi um desastre para os apicultores, com a perda de cerca de 26 mil colônias em 1968. Com a redução drástica desses insetos polinizadores, praticamente os únicos na Califórnia, as culturas que dependem das abelhas para polinização foram seriamente alteradas, principalmente sementes de alfafa e amêndoas, mas também maçãs, cerejas, pepinos, melões, peras e ameixas.

Outro aspecto desse complexo foi a mudança ocorrida nas pragas locais. Na década de 1950 e começo da de 1960, o percevejo-do-algodoeiro era considerado a principal praga do algodão, sendo controlado com uma mistura de DDT e toxafeno. A lagarta-das-maçãs-do-algodoeiro ocorria apenas em determinadas áreas do vale, emergindo ocasionalmente em erupções danosas. Em 1964, após a proibição do DDT e com o uso dos organofosforados e carbamatos pelos cotonicultores, os seguintes fatos foram registrados: o número de aplicações de agrotóxicos para o percevejo e a lagarta teve que ser aumentado de um para dois, no caso do DDT + toxafeno, e para quatro ou cinco, usando-se os substitutos; a lagarta-das-maçãs tornou-se praga extremamente importante, e outras pragas, antes inócuas, passaram a causar danos acentuados. Assim, no período entre 1965-1969, o controle dos insetos tornou-se complicado e caro devido aos seguintes fatores: a) resistência das pragas aos agrotóxicos; b) restrição de uso dos organoclorados, mais baratos; c) ressurgimento de pragas e elevação de espécies inócuas à categoria de pragas, devido a desequilíbrios biológicos provocados pelos agrotóxicos de ampla ação e pequena persistência; d) aumento do número de aplicações usuais e de outras aplicações para o controle das novas pragas. Alguns efeitos colaterais também foram observados, como a morte de aves e danos à própria cultura. Finalmente, toda a economia da área foi afetada pelo alto custo da produção algodoeira.

MANEJO INTEGRADO DE PRAGAS

Tantos foram os problemas surgidos com o uso dos agrotóxicos organossintéticos que uma revisão dos conceitos e objetivos passados e um reestudo da metodologia e da filosofia do controle das pragas tornaram-se necessários. Experiências anteriores mostraram, claramente, a inviabilidade da erradicação das espécies de artrópodes pragas, e uma nova filosofia de controle, baseada em sólidos princípios ecológicos, cresceu em aceitação entre entomologistas, acarologistas e sanitaristas de várias partes do mundo. A nova filosofia baseia-se no fato de que deveremos aprender a viver com as pragas, já que erradicá-las é totalmente impossível e, na maioria dos casos, mesmo indesejável.

A princípio, a metodologia foi modificada para incluir controle biológico ao lado de controle químico, este último utilizado apenas para possibilitar ação mais eficiente dos inimigos naturais e competidores. Nascia, assim, o controle integrado de pragas.

Modernamente, fala-se em manejo integrado de pragas (MIP), que é a integração de todos os processos conhecidos pela ciência atual e que são úteis para evitar os danos econômicos causados pelas espécies daninhas. Incluem-se aqui o uso de variedades e raças resistentes de plantas e de animais; o uso de predadores, parasitos, patógenos e competidores; o manejo genético de populações, pela introdução de genes letais e de genes que diminuem a adaptação das populações aos meios em que vivem; o uso de métodos de controle cultural, físico e mecânico, como temperatura, umidade, luz, som etc., que se baseiam na ecologia e no comportamento das pragas; o uso de antimetabólitos, de substâncias que impedem a alimentação das pragas, de hormônios e feromônios e de substâncias atrativas e repelentes; o uso da técnica de esterilização etc. Os agrotóxicos continuam a ser usados, mas com muito menor intensidade e com maior propriedade, apenas para manter as populações em níveis subeconômicos.

O controle de pragas é, hoje, matéria amplamente ecológica. Seus princípios são: evitar os danos econômicos causados pelas pragas e impedir os efeitos colaterais dos produtos químicos, minimizados pelo uso mais racional dos agrotóxicos.

Ao ecologista é fácil entender o porquê de se manter populações de pragas em níveis subeconômicos, mas isso não é visto com bons olhos pelos produtores, que visam, como quaisquer empresários, a maximização dos seus lucros e a perfeição dos seus produtos. O ecologista percebe que o sistema somente funcionará se a já reduzida diversidade do agroecossistema puder ser mantida em nível tal que uma teia alimentar de predadores, parasitos, patógenos e competidores possa coexistir com as pragas durante toda a fase da cultura e, assim, seja possível mantê-las sob controle natural por longo período de tempo. Erradicação total das pragas de uma região implicaria uma simplificação ainda maior dos agroecossistemas, pela eliminação drástica de complexas teias alimentares de inimigos naturais e competidores. Isso possibilitaria a recolonização posterior da área por essas mesmas pragas ou por outras mais tardias, agora altamente favorecidas pelo desequilíbrio biológico criado, o que tornaria necessária a aplicação repetida de produtos químicos que, de outra maneira, seriam dispensados. A erradicação apresenta, ainda, o inconveniente de deixar vagos nichos ecológicos que, com o passar do tempo, poderiam ser ocupados por outras espécies ecologicamente equivalentes (Paschoal, 1976b).

Controle químico x manejo integrado

Apesar de todos os problemas surgidos, há no mundo duas escolas de argumentação contrária. De um lado, os entomologistas e outros profissionais orientados ecologicamente que defendem a ideia de uma aproximação mais racional, de manejo integrado de pragas, centralizado em princípios ecológicos e de conservação da natureza; de outro, uma poderosa facção de produtores e vendedores de agrotóxicos, e de suas mais importantes vítimas, os agricultores menos advertidos, que ainda advogam a erradicação das pragas ou a manutenção de suas populações nos níveis os mais baixos possíveis, por meio de rígidos esquemas de aplicações de produtos químicos, sem levar em conta a presença ou não da praga ou o nível de dano econômico que causa. Qual dessas escolas prevalecerá nas próximas décadas é a grande e intrigante questão.

Parece-me que a escolha já está feita e que não há mais segunda opção. Se seguíssemos os erradicadores, para quem se deve produzir mais e mais alimentos para mais e mais bocas, o que somente será possível pelo uso de mais e mais produtos químicos, uma vez que as áreas agriculturáveis da Terra já estão sendo utilizadas na sua quase totalidade, ingressaríamos em um círculo vicioso de que ninguém, senão as pragas, sairia vitorioso. Se o controle da natalidade não vier por iniciativa voluntária de todos os países deste mundo e se os índices demográficos de crescimento não forem estabelecidos próximos de zero, então o controle da população humana virá por ação catastrófica, os produtos químicos contribuindo, em grande parte, para a queda e provável extinção do *Homo sapiens*.

Nesse círculo vicioso em que ingressaríamos, os produtos químicos seriam usados em larga escala para atender às necessidades alimentares de uma população humana sempre crescente, mas, em contrapartida, contribuiriam para agravar ainda mais a poluição do ambiente, que seria responsável pela redução drástica da espécie humana, através de ação letal, mutagênica, carcinogênica ou teratogênica dos seus resíduos. Que vantagens, então, teríamos em seguir essa filosofia, seria de se perguntar. Nenhuma, obviamente! (Paschoal, 1976b).

O controle das pragas agrícolas, hortícolas, florestais e de importância médica e veterinária somente resultará bem sucedido quando baseado em princípios ecológicos e métodos que visem propiciar maior estabilidade aos agroecossistemas. Os mecanismos de dinâmica populacional, as complexas interações predador-presa, hospedeiro-praga e competidor-praga, a natureza dinâmica e evolutiva dos agroecossistemas, aliados à conservação das qualidades do ambiente, deverão servir de base para o manejo das pragas nesta e nas próximas décadas, associando e integrando fatores biológicos, físicos, econômicos e sociais.

O reconhecimento das diferentes estratégias utilizadas pelas pragas agrícolas e florestais foi de grande importância nas práticas de manejo. As pragas agrícolas, denominadas estrategistas *r* (r refere-se à razão de crescimento), ocorrem em ambientes muito instáveis e imprevisíveis, onde os recursos são efêmeros. As espécies desse grupo usam como estratégia o aproveitamento máximo dos *habitats*, mantendo as suas populações sempre na parte ascendente das curvas logísticas de crescimento, onde a reprodução é rápida, para esgotar os recursos alimentares antes que outros organismos competidores o façam, e são altas a capacidade dispersiva e a habilidade de localização das plantas hospedeiras. É claro que sob essas condições extremas de utilização dos hospedeiros, genótipos com elevado *r* são favorecidos por seleção natural, vindo a predominar. Os estrategistas *r* são pouco especializados e possuem pequena habilidade competitiva. Em oposição a eles, as pragas de florestas, denominadas de estrategistas *k* (k refere-se à capacidade de suporte do meio), ocorrem em habitats mais estáveis e previsíveis, onde os recursos são mais duráveis. As espécies desse grupo formam populações em níveis próximos do nível *k* de saturação, no qual é mais importante para os genótipos conferirem alta habilidade competitiva e, em particular, capacidade de sobrepujar e manter parte do ambiente e dele extrair a energia necessária à sobrevivência. Os estrategistas *k* são altamente especializados para evitar interferências competitivas, ou são dotados de grande capacidade de defesa dos seus territórios contra outros membros da mesma espécie. A seleção natural, nesse caso, favorece genótipos capazes de manter equilíbrio mesmo em altas populações.

O controle de pragas é visto como um crescente conflito entre a ciência e a tecnologia modernas e a qualidade da vida na Terra. Ao planejar as estratégias para o futuro, no manejo das pragas, deveremos aproveitar as lições e os erros do passado e os conhecimentos adquiridos no presente. O aprimoramento dos métodos e princípios ecológicos e dos modelos matemáticos e estatísticos, bem como o uso dos computadores, aparecem como novas armas que deverão ser usadas contra as pragas. O homem do passado criou pragas e doenças quando inventou a agricultura, domesticou os animais e passou a viver em agrupamentos numerosos; o homem do presente agravou muito mais essa situação com o comércio, com a agricultura intensiva e com a constituição de uma sociedade tecnológica avançada, após o advento da Revolução Industrial, que introduziu os agrotóxicos e criou uma mentalidade exageradamente exigente quanto à qualidade e ao padrão dos produtos agropecuários. O tempo, por sua vez, encarregou-se de mostrar que as pragas são espécies dinâmicas e em constante processo evolutivo. Todas as estratégias, presentes ou futuras, devem reconhecer que as pragas e doenças apareceram para ficar e, portanto, só nos resta aprender a conviver com elas em vez de tentar erradicá-las.

Desde algum tempo, vários projetos de manejo integrado têm sido coordenados e subvencionados pela FAO, em várias partes do mundo (FAO, 1971). Alguns desses projetos são: controle de pragas e doenças da oliveira, na Grécia; controle integrado de pragas do algodoeiro, na Nicarágua, Chade, Egito, Etiópia, África Oriental e Central, Sudão, Gana, Austrália, Peru, Estados Unidos, México; controle integrado de pragas dos coqueiros, no Pacífico Sul; controle de pássaros granívoros (*Quelea quelea*), na África; controle biológico de pragas da cana-de-açúcar no Brasil (Pernambuco e Alagoas).[1]

Estratégias do manejo integrado

Talvez o mais importante passo dado no manejo integrado de pragas tenha sido o reconhecimento de que a agricultura, a horticultura e a silvicultura são sistemas ecológicos muito simplificados, pouco diversificados e, por isso, muito instáveis. Os agroecossistemas tendem cada vez mais à simplificação absoluta para a maximização das colheitas e dos lucros. Competidores

---

[1] Atualmente, quase todas as culturas agrícolas, hortícolas e florestais no Brasil têm programas de manejo integrado (MIP) para as principais pragas, visando à redução do uso de agrotóxicos: soja, algodão, cana-de-açúcar, milho, café, laranja, hortaliças, frutíferas, eucalipto, pinus etc., embora a aplicação, na prática, não ocorra sempre.

como artrópodes, ervas invasoras, patógenos e alguns roedores e aves são eliminados, o que transforma longas e complexas teias alimentares em cadeias alimentares curtas e simplificadas. A sucessão ecológica é mantida nos primeiros estádios onde a competição é intensa e a estabilidade pequena, sendo de se esperar, por essas razões, continuadas erupções de pragas e doenças.

As práticas de manejo enfatizam a necessidade de incrementar as interações tróficas nos agroecossistemas, a fim de aumentar a diversificação e, consequentemente, a estabilidade desses sistemas. As monoculturas devem ser substituídas pelas policulturas, que são mais estáveis. Produtos químicos de ampla ação estão sendo desaconselhados e devem dar lugar aos produtos seletivos, específicos, persistentes e biodegradáveis, que atuam apenas sobre determinadas pragas e não sobre os seus inimigos e competidores, e que não deixam resíduos nos alimentos e no ambiente e não são tóxicos aos animais superiores.

Os estudos de ecologia e dinâmica de populações das pragas têm sido extremamente úteis para a determinação dos seus mecanismos de flutuação populacional, por meio da organização de tabelas vitais e da determinação dos fatores-chave de controle. O manejo de pragas deve operar dentro dos "sistemas vitais" (Clark et al., 1970) das espécies daninhas, reduzindo suas adaptações ao meio por intermédio de mecanismos que modificam os caracteres hereditários dos indivíduos, impedindo-os de desenvolver suas funções normais de reprodução e de sobrevivência, ou alterando os ambientes efetivos dessas espécies, de modo a torná-los inadequados para suportar altas populações. Em outras palavras, o manejo integrado de pragas reconhece a existência de fatores codeterminantes de abundância (caracteres hereditários e ambiente efetivo) que atuam nos indivíduos, controlando suas funções vitais e determinando incremento populacional por meio de estimulação reprodutiva e imigração, e nas populações desses indivíduos, limitando seu número por meio do aumento das taxas de mortalidade, redução da natalidade e emigração.

O estabelecimento das curvas de crescimento das populações de pragas e do valor *k* (capacidade de suporte do ambiente) foram de grande utilidade em alguns lugares, no estabelecimento dos "níveis de danos econômicos" para algumas pragas e na descoberta de que pragas agrícolas e pragas florestais utilizam diferentes estratégias de colonização e de exploração dos seus *habitats* (Wilson & Bosserl, 1971). A determinação de níveis de danos econômicos para as pragas é de capital importância para o seu manejo racional. O que interessa, hoje, é o nível de dano específico de uma praga em uma cultura em determinado local e tempo, e não mais apenas o número de indivíduos presentes (Headley, s/d). O controle econômico é conseguido quando o dano econômico é evitado. Assim, tolera-se a presença das pragas em níveis subeconômicos, o que é vantajoso ecologicamente, por permitir a sobrevivência dos inimigos naturais, e também economicamente, por restringir e disciplinar o uso de agrotóxicos, somente usados para manter as populações próximas de um nível populacional ótimo (diferente de zero), e para maximizar o lucro obtido. A erradicação é a antítese do manejo.[2]

---

[2] A tomada de decisão para o manejo de pragas, patógenos e ervas invasoras leva em conta o nível de dano econômico (NDE), o nível de controle ou de ação (NC) e o nível de não ação (NNA). NDE corresponde à densidade populacional da espécie daninha em que o custo econômico do controle se iguala ao benefício esperado na produção da cultura; NC corresponde à intensidade de ataque da espécie daninha em que o controle deve ser iniciado, evitando-se, assim, que a população atinja nível capaz de produzir dano econômico; NNA corresponde à densidade populacional dos inimigos naturais capaz de manter a população da espécie daninha abaixo do nível de dano econômico (Higley & Pedigo, 1993).

AGROTÓXICOS NO BRASIL

Ao longo do texto, alguns exemplos envolvendo o Brasil foram citados. Infelizmente, não há muitos dados sobre o uso dos agrotóxicos no nosso país referentes ao impacto ecológico, tanto nos agroecossistemas quanto fora deles. Embora não tenha sido feita uma revisão extensiva, sabe-se que os estudos nesses campos são escassos em nosso país, a maioria das informações advinda de notícias, nem sempre corretas, publicadas em jornais e revistas técnicas. Dados numéricos faltam quase que completamente.

Produtos usados no Brasil

Os primeiros produtos empregados no país para o controle de pragas foram os de origem mineral e os botânicos. O primeiro inseticida organossintéticos usado foi o DDT, introduzido no Brasil em fins de 1943, sob a denominação de gesarol. As primeiras amostras desse produto foram recebidas pelo Instituto Biológico de São Paulo (Mariconi, 1963). A partir de 1946-1947, outros produtos, como o BHC e o paration etílico, foram introduzidos e usados nas nossas lavouras.

Mariconi (1963; 1976) lista os vários agrotóxicos em uso nas nossas lavouras. Lysis Aloé (comunicação pessoal) afirma serem os seguintes os agrotóxicos fabricados no Brasil: BHC, DDT, paration metílico (inseticida); maneb, oxicloreto de cobre, ziran, tiran (fungicidas); propanil e trifluralina (herbicidas); é provável que o dodecacloro (formicida) também seja produzido. Os seguintes princípios ativos acham-se em fase de produção: canfeno clorado, malation, monocrotofos e dicrotofos (inseticidas). Todos os demais produtos usados são importados.

De uma série de três suplementos do *Guia dos defensivos da lavoura*, de autoria de Jalmirez G. Gomes (1966; 1968; 1973), pudemos obter os dados a seguir mencionados referentes aos produtos usados no Brasil, e que foram registrados e licenciados na Divisão de Defesa Sanitária do Ministério da Agricultura (Tabela 3). Até 1971, 2.690 agrotóxicos foram registrados naquela divisão, com uma média de aproximadamente 204 novos registros por ano (de 1965 a 1971). Isso representa perto da metade do número dos produtos registrados no Japão na mesma época (em 1970, o Japão havia registrado 5.698 marcas de agrotóxicos – veja capítulo anterior). Tais valores são bastante significativos, levando-se em conta que o Japão é um país altamente industrializado e que faz uso acentuado de agrotóxicos nas suas lavouras.

Do total de 2.690 produtos registrados no Brasil, 1.815 (67%) são inseticidas, acaricidas, formicidas e cupinicidas e 33% são adjuvantes, antibrotantes, bactericidas, desfolhantes, fumigantes, fungicidas, herbicidas, moluscicidas, nematicidas, preservativos de frutas, preservativos de madeiras, protetores de grãos, rodenticidas e sinergistas. Dos 1.815 produtos inseticidas, acaricidas, formicidas e cupinicidas 1.558 são inseticidas e inseticidas acaricidas (86%; 58% do total), 110 são acaricidas específicos (6%; 4% do total), e 147 são formicidas e cupinicidas (8%; 5,5% do total). Conclui-se, pois, que o número de marcas registradas de inseticidas predomina no comércio brasileiro.

Tabela 3 – Número de agrotóxicos registrados e licenciados na Divisão de Defesa Sanitária Vegetal do Ministério da Agricultura

Agrotóxicos	Até 1964	1965	1966-1967	1968	1969	1970	1971	Totais	%
Produtos registrados (a)	1.261	154	484	182	139	243	227	2.690	-
Inseticidas (b)	682	101	301	113	77	153	130	1.558	86,0
Clorados	378	52	147	47	30	50	47	751	48,0
Clorados + outros	127	19	66	16	20	29	14	291	19,0
Clorofosforados	17	2	3	8	2	3	12	47	3,0
Fosforados	97	24	74	39	23	54	50	361	23,0
Carbamatos	14	4	6	2	-	13	6	45	3,0
Minerais	17	-	1	1	-	1	-	20	1,0
Botânicos	4	-	-	-	-	-	-	4	0,3
Óleos	19	1	4	-	2	3	1	30	2,0
Microbianos	2	-	-	-	-	-	-	2	0,2
Outros	7	-	-	-	-	-	-	7	0,5
Acaricidas (c)	47	5	26	11	8	8	5	110	6,0
Enxofre	28	2	5	4	2	3	-	44	40,0
Clorados	9	2	16	4	4	2	4	41	37,0
Outros	10	1	5	3	2	3	1	25	23,0
Formicidas (d)	48	10	27	15	13	20	14	147	8,0
Clorados	37	9	25	15	12	20	13	131	89,0
Outros	11	1	2	-	1	-	1	16	11,0
Totais (b+c+d)	777	117	354	139	98	181	149	1.815	100

Obs.: a = produtos totais (inseticidas e inseticidas acaricidas, acaricidas específicos, formicidas e cupinicidas: 67%, e adjuvantes, antibrotantes, bactericidas, desfolhantes, fumigantes, fungicidas, herbicidas, moluscicidas, nematicidas, preservativos de frutas, preservativos de madeiras, protetores de grãos, rodenticidas e sinergistas: 33%); b = inseticidas e inseticidas acaricidas; c = acaricidas específicos; d = formicidas e cupinicidas. Baseado em Gomes (1968; 1973)

Os inseticidas organossintéticos (clorados, clorados + outros, clorofosforados, fosforados e carbamatos) somam, no total, 1.495 (até 1971), contra 20 minerais, quatro botânicos, 30 de óleos, dois microbianos, sete de outros produtos (Tabela 3). Totalizam, assim, 96% dos inseticidas registrados. Quanto aos acaricidas, 44 são inorgânicos (enxofre) e 66 são organossintéticos; consequentemente, 60% dos acaricidas registrados são organossintéticos. Os formicidas são todos organossintéticos e fumigantes.

Dos inseticidas organossintéticos registrados até 1971, há predominância absoluta dos produtos organoclorados e das combinações desses entre si ou com elementos minerais (Tabela 3). Tais inseticidas somam 1.042 (751 clorados + 291 combinações contendo clorados), representando 70% dos organossintéticos e 67% do total de inseticidas registrados. Vêm, a seguir, os fosforados, com 361 produtos (24% dos organossintéticos e 23% do total registrado); os clorofosforados, com 47 produtos (3% dos organossintéticos e 3% do total); e os carbamatos, com 45 produtos (3% dos organossintéticos e 3% do total).

Essas informações todas levam à conclusão de que os estudos sobre os efeitos colaterais dos agrotóxicos no ambiente do nosso país devem voltar-se principalmente para os inseticidas organoclorados, que predominam no nosso mercado interno. Evidenciam, também, que nas nossas condições os agrotóxicos organoclorados ainda não foram totalmente substituídos pelos organofosforados e carbamatos, como vem acontecendo nos países mais desenvolvidos.[1]

O número de firmas registradoras (importadores, manipuladores e fabricantes) de produtos agrotóxicos no Brasil, segundo Gomes (1966; 1968; 1973), era de 193 em 1966, 225 em 1967, e 275 em 1971.

Volume de agrotóxicos no Brasil

Entre nós, não há muitos dados publicados sobre o volume de agrotóxicos usados nas lavouras. Mariconi (1958) registra dados sobre o uso de inseticidas em culturas de café e de algodão no

---

[1] Ver nota 2, a p. 133

estado de São Paulo, no período de 1952 a 1955 (Tabela 4). A área média plantada com algodão no estado de São Paulo, no período de 1952-1955, foi de 1.017.069 ha, e o volume médio de inseticidas (formulações) usados nesse período foi de 19.342 t (Tabela 4), o que permite obter o significativo valor de 19 kg de agrotóxicos por hectare. Com relação ao cafeeiro, a área média cultivada em São Paulo, no período entre 1952-1955, foi de 1.465.605 ha, e o volume médio de inseticidas (formulações) usados no mesmo período foi de 6.839 t (Tabela 4), o que nos dá 4,7 kg de inseticidas por hectare.

O volume de produtos comercializados no Brasil, no ano agrícola de 1975/1976, foi de 215.943 t de formulações, incluindo-se inseticidas, acaricidas, nematicidas, fungicidas e herbicidas; em 1976/1977, 212.710 t de formulações tóxicas foram usadas no país. O total da área cultivada, com lavouras permanentes e temporárias, em 1973, foi de 34.645.388 ha, e, em 1975, foi de 50.401.214 ha (IBGE, 1975). Admitindo-se que esse volume de agrotóxicos tivesse sido usado de maneira uniforme no Brasil, sobre o total de sua área cultivada, teríamos aproximadamente 4,3 kg de agrotóxicos por hectare.[2]

Entretanto, é muito importante que se note que esse valor representa a média dos diversos estados que compõem a nação, devendo, portanto, ser bem mais alto para os estados que aplicam

---

[2] A área de produção agrícola na safra 2015-2016 no Brasil foi de 65,9 milhões de hectares, dos quais 60,3 milhões (91,5%) estavam plantados com soja (33,2 milhões), cana-de-açúcar (10,5 milhões), milho (9,2 milhões) e eucalipto (7,4 milhões). O consumo de agrotóxicos em 2014 foi de pouco mais de 500 mil toneladas de princípios ativos, dos quais a soja consumiu 52% das vendas de agrotóxicos, a cana-de-açúcar 10%, o milho 10% e o algodão 7%. Bombardi (2017) estima o consumo médio de 8,33 kg de agrotóxico por hectare, sendo que Mato Grosso, Mato Grosso do Sul, Goiás e São Paulo apresentam valores entre 12 e 16 kg/ha.

maior quantidade de agrotóxicos, no caso os estados do sul e do sudeste, em contraposição com aqueles do norte, centro-oeste e nordeste do Brasil, que usam esses produtos em menor escala.[3]

Tabela 4 – Consumo (em toneladas) de inseticidas orgânicos em culturas de algodão e café, e área cultivada (em hectares) dessas culturas no estado de São Paulo, em três anos agrícolas consecutivos

Anos agrícolas	Algodoeiro		Cafeeiro	
	Agrotóxicos	Áreas	Agrotóxicos	Áreas
1952	20.533	1.242.047	5.315	1.444.413
1953	14.405	942.859	10.522	1.462.674
1954	23.089	866.301	4.653	1.489.729
1955	19.342	1.017.069	6.830	1.465.605

Baseado em Mariconi (1958) e IBGE (1975).

A distribuição de agrotóxicos por estados e regiões será objeto de investigações futuras. É também muito importante que se tenha em mente que os dados de comercialização de agrotóxicos, fornecidos pela Andef, podem não traduzir a realidade do que está ocorrendo no Brasil, uma vez que essa instituição particular, subvencionada pelas firmas de agrotóxicos do país, não está credenciada a fornecer dados oficiais. Alguns dados contraditórios, levados ao conhecimento público por *O Estado de São Paulo*, revelam que o consumo total de agrotóxicos no Brasil, no primeiro quadrimestre de 1976, foi de 458.800 t. Segundo esse jornal, a Andef revelou que no primeiro quadrimestre de 1976 cerca de 71.800 t de inseticidas líquidos foram vendidas, das quais 30.500 t de clorados e o restante de fosforados, carbamatos, sistêmicos e formulações mistas. De produtos em pó e granulados foram vendidas 250.000 t de inseticidas, das quais 80.300 t de fosforados, 70.000 t de clorados e o restante de formulações

---

[3] Veja nota 8, a p. 100.

mistas e carbamatos. Além disso, segundo a Andef, foram vendidas 7.000 t de fumigantes, 60.000 t de fungicidas e 70.000 t de herbicidas. Se esses dados são corretos, teremos uma média de 9,1 kg de agrotóxicos por hectare, calculados com base no volume de agrotóxicos vendidos em apenas quatro meses do ano de 1976. Não restam dúvidas de que dados oficiais mais precisos se fazem necessários.

Em termos de princípios ativos, para os inseticidas comercializados no Brasil, segundo dados da Andef (não oficiais) divulgados em estudo do Ministério da Agricultura, 23.922 t de inseticidas (princípios ativos) foram vendidas, em 1975, nas seguintes proporções: 9.233 t (39%) de clorados; 6.007 t (25%) de fosforados, inclusive sistêmicos; 5.307 t (22%) de clorofosforados; 1.806 t (7%) de carbamatos; 698 t (3%) de fumigantes; e 871 t (4%) de outros tipos de inseticidas.

Dados do Ministério da Agricultura (não oficiais) assim estimaram o consumo de inseticidas (princípios ativos) no Brasil: 1965, 17.932 t; 1970, 30.514 t; 1975, 40.628 t; 1977, 45.564 t. Utilizando esses dados para o cálculo do volume de inseticidas usados no Brasil, em 1975, em termos de princípios ativos por hectare de área cultivada, obtemos a média de 0,8 kg de inseticidas por hectare, o que representa aproximadamente um décimo do total de princípios ativos para todos os agrotóxicos usados no Japão, e cerca de um quarto do que se usa na Inglaterra.[4] As mesmas considerações feitas anteriormente com relação à desigualdade de distribuição dos agrotóxicos por estado aplicam-se aqui também.

É necessário mencionar que a utilização de agrotóxicos nas lavouras do Brasil parece crescer a uma taxa média de 8% ao ano, e que os estados sulinos são os que têm utilizado em maior

---

[4] Veja capítulo anterior e a nota 2, a p. 146.

quantidade esses tóxicos. A participação da produção nacional no consumo interno foi da ordem de apenas 36,5%, em 1975, segundo dados do Ministério da Agricultura (não oficiais). Em 1973, o Brasil gastou 100 milhões de dólares com importações de inseticidas, fungicidas e herbicidas; em 1974, 150 milhões; e 180 milhões em 1975.[5]

Impacto dos agrotóxicos no Brasil

Alguns dados sobre acidentes humanos provocados por agrotóxicos, no Brasil, já foram referidos no texto. Outros casos serão mencionados aqui: segundo o doutor Waldemar F. de Almeida, do Instituto Biológico de São Paulo e membro consultor da Comissão de Toxicologia de Praguicidas, da Organização Mundial de Saúde, só no estado de São Paulo registraram-se 103 mortes e 329 intoxicações provocadas por agrotóxicos (paration) no período 1967-1975 (I Encontro Estadual de Defensivos, Sete Lagoas, MG).

No Brasil, o total de mortes nesse período foi de 145 (103 em São Paulo, 16 no Rio Grande do Sul, 14 na Bahia, seis no Ceará, três no Rio e três em Goiás). No Rio Grande do Sul, em 1974, foram constatadas 427 intoxicações e seis mortes causadas pelo uso de paration e aldrin nas culturas de soja; em 1975, o número de intoxicações subiu para 500 e o de mortes foi de seis. No Ceará, em 1975, 200 pessoas adoeceram e seis morreram em consequência da contaminação da água com inseticidas fosforados; outras 418 pessoas ficaram intoxicadas ao comerem pão

---

[5] Em 2013, o Brasil gastou três bilhões de dólares com importação de agrotóxicos, tornando-se o maior importador mundial e o segundo em comércio interno desses venenos agrícolas (US$ 11,5 bilhões).

produzido com farinha de trigo que havia sido transportada no mesmo compartimento do inseticida carbofenotion.

Os estados em que o impacto dos agrotóxicos parece ser mais acentuado, ou pelo menos de que se tem maiores informações são: Rio Grande do Sul, São Paulo e Paraná.[6] Segundo o prof. Milton Guerra, presidente da Sociedade Entomológica do Brasil, o Rio Grande do Sul utiliza 50% do volume total dos agrotóxicos consumidos no país (dados não oficiais, pendentes de verificação), sendo responsabilizado pela morte de várias pessoas, milhares de animais domésticos e toneladas de peixes.

No Paraná, a morte de centenas de bois foi manchete de jornais no ano passado, requerendo, inclusive, a intervenção do Ministério da Agricultura. No Paraná e em São Paulo, centenas de aves morreram intoxicadas por alpiste contaminado com agrotóxicos; concentrações de até 5,8 ppm têm sido encontradas nessas sementes.

Embora ainda não comprovadas, há sérias suspeitas de que os agrotóxicos organoclorados têm aumentado o índice de câncer de boca, lábio, pele e fígado, principalmente em agricultores do Paraná.

Dados sobre resíduos de agrotóxicos no ambiente e nos alimentos praticamente não existem.[7] Aparentemente, apenas há controle de resíduos organoclorados para produtos que são exportados (café, fumo, soja, cereais etc.), isto porque os países importadores, como os Estados Unidos, a Alemanha e a Hungria, só recebem esses produtos mediante certificado de isenção de resíduos químicos. Os exportadores nacionais, antes de efetuar os embarques de seus produtos para o exterior, são obrigados a

---

[6] Ver nota 2, a p. 151.
[7] Ver nota 16, a p. 113

encaminhar amostras de cada partida para análise no Instituto Biológico de São Paulo ou órgãos semelhantes em outros estados. Se a análise revelar a presença de clorados ou de outros elementos químicos sobre os quais recaiam suspeitas de que possam causar prejuízos à saúde dos consumidores, os produtos são recusados para exportação. Essa é, sem dúvida, uma exigência para a produção de alimentos sadios, mas que infelizmente não se destinam ao consumo do nosso povo. O que valeria a pena investigar seria o destino dado aos produtos recusados para o mercado externo; eles são destruídos ou comercializados internamente?

A contaminação de águas interiores por agrotóxicos somente foi determinada quantitativamente para o lago Paranoá de Brasília (Dianese *et al.*, 1977). Existem suspeitas de contaminação do lago de Furnas, no sul de Minas, nas margens do qual culturas de batata, tomate e batata-doce recebem grandes quantidades de agrotóxicos (engenheiro agrônomo Sérgio Mário Regina, comunicação pessoal). A Lagoa dos Patos, no Rio Grande do Sul, que recebe tóxicos provenientes de plantações de trigo e soja, e o Rio Boa Esperança, do município de Boa Esperança do Sul, São Paulo, que recebe poluentes de culturas.[8]

Não há dados sobre resíduos de agrotóxicos no ar e nos solos, nem em cadeias biológicas.

Agrotóxicos e número de pragas

Já foi discutida em capítulo anterior a ação dos agrotóxicos sobre as pragas. Como em outros países, há sérios indícios de que esses produtos estejam provocando o aparecimento de pragas no Brasil. As nossas condições climáticas tropicais e subtropicais caracterizam-se pela estabilidade das populações de herbívoros

---

[8] Ver nota 9, a p. 104.

graças à ação de grande número de predadores, parasitos, patógenos e competidores. Os agrotóxicos não seletivos e os persistentes – que são os mais usados no Brasil, como mostramos anteriormente – são capazes de provocar sérios desequilíbrios biológicos, permitindo que muitas espécies inócuas se tornem pragas e que muitas pragas se tornem mais daninhas. Os dados da Tabela 5 sugerem essa conclusão.

Até 1958, 193 pragas foram citadas para as culturas relacionadas na Tabela 5; de 1958 a 1963, 50 outras espécies de pragas foram adicionadas às primeiras; e de 1963 a 1976, 350 outras espécies foram acrescidas às listas anteriores, como pragas dessas mesmas culturas. Estabelecendo-se médias para comparações: de 1958 a 1973, 400 espécies adicionais foram referidas como pragas, o que dá uma média de 22 novas pragas por ano. Assim sendo, de 1958 a 1963, dever-se-ia esperar o aparecimento de 110 novas pragas, quando realmente apenas 50 foram registradas (portanto 60 a menos do que o esperado); de 1973 a 1976, dever-se-ia esperar o aparecimento de 286 novas pragas, quando realmente apareceram 350 (64 a mais do que o esperado). Embora não tenha sido possível obter os dados sobre o uso de agrotóxicos, nos períodos até 1963 e de 1963 a 1976, necessários para estabelecer correlações mais precisas, é de se supor que o volume de produtos usados no período anterior a 1963 seja bem menor do que aquele usado no período subsequente. Da Tabela 3 foi possível concluir que, a partir de 1964 até 1971, aproximadamente 204 novos produtos foram postos no mercado brasileiro, o que indica maior consumo nos últimos anos. Do total de inseticidas (princípios ativos) comercializados no período de 1965 a 1977, 17.972 t foram vendidas em 1965, contra 40.628 t previstas para 1977, o que confirma a assertiva feita.

O segundo argumento favorável à ideia de que os agrotóxicos têm provocado o aparecimento de pragas nas nossas lavouras, pelos desequilíbrios biológicos que produzem, advém do fato de as referências de espécies causando danos às plantas cultivadas crescerem assustadoramente no Brasil de 1948 a 1976, passando de apenas 989 para 3.037 (Tabela 5). Isso se verifica para cada uma das regiões consideradas. Mais importante, porém, é o fato de as regiões leste e sul apresentarem o maior número de referência e de espécies de pragas de todo o Brasil, sendo exatamente as regiões onde o maior volume de agrotóxicos é usado. Assim é que, em 1958, a região norte registrava 79 referências de pragas nos vários estados, contra 146 do nordeste, 352 do leste, 389 do sul e apenas 23 do centro-oeste; em 1976, as referências foram de 295 para o norte, contra 505 para o nordeste, 1.065 para o leste, 1.085 para o sul e apenas 47 para o centro-oeste.

É interessante notar, também, que culturas tradicionalmente tratadas quase que exclusivamente com organoclorados, como as de algodão, amendoim, fumo e café, apresentam acréscimos acentuados de novas pragas: 14, 12, 13, 11 respectivamente, de 1958 a 1976 (Tabela 5); em outras, para as quais apenas clorados são recomendados com maior frequência, como as culturas de banana, manga, eucalipto, feijão, figo e abacate, os acréscimos são também altos: 13, 18, 15, 16, 14, 9, respectivamente, de 1958 a 1976 (Tabela 5). Na cultura de citros, onde os desequilíbrios biológicos por ação dos agrotóxicos organoclorados são sobejamente conhecidos, o número de novas pragas foi 27, o que representa o maior acréscimo registrado entre as culturas analisadas. A cultura de pessegueiros parece ser outro caso semelhante, com acréscimo de 26 pragas desde 1958 (Tabela 5).

Não quer isso dizer, contudo, que todas essas 400 novas espécies referidas na literatura tenham sido transformadas em pragas pelos agrotóxicos. Várias devem ser exóticas introduzidas acidentalmente no país após 1958; outras devem ser indígenas que:

a) se adaptaram a novas plantas de outros países introduzidas no país ou a novas variedades melhoradas para maior produtividade (que são pouco resistentes ou tolerantes a essas espécies); b) se adaptaram às mesmas plantas que sofreram alterações nas práticas de cultivo, época de plantio, irrigação etc., ou que foram introduzidas em novas áreas. Temos de considerar ainda, embora com mínima probabilidade, a ocorrência de espécies recém-evoluídas.

Um longo e detalhado projeto para esclarecer a origem dessas pragas está sendo desenvolvido no Laboratório de Ecologia do Departamento de Zoologia da Escola Superior de Agricultura "Luiz de Queiroz". O que se pretende esclarecer com esse projeto é a origem de cada praga, se exótica ou nativa, e os fatores que levaram cada espécie a tornar-se praga. Cada uma das culturas (a começar pelas mais importantes) será estudada integralmente, sendo analisados todos os parâmetros ecológicos, inclusive agrotóxicos, para cada uma das pragas em particular.

Tais estudos são de fundamental importância para futuros projetos de manejo integrado, pois as espécies exóticas, que quase não têm inimigos naturais, devem ser manejadas de maneira diferente das espécies nativas, que normalmente estão sob controle natural satisfatório. Esses estudos serão inclusive dirigidos no sentido de localizar as regiões de origem das espécies exóticas, o que permitirá possíveis importações controladas de inimigos naturais. Será possível, também, recomendar a aplicação de agrotóxicos, apenas para as espécies exóticas (que são as mais daninhas), quando todos os processos de controle natural existentes se mostrarem impraticáveis ou economicamente inviáveis. Para as espécies indígenas, os agrotóxicos poderão trazer resultados mais maléficos do que benéficos, devendo ser usados somente quando atenderem aos requisitos indispensáveis que deles se exige.

Tabela 5 – Relação das culturas, suas pragas, controles recomendados e distribuição geográfica das pragas por região

Culturas	Tipos de pragas	Número de pragas 1958	1963	1976	Aumento de pragas N 1958-1963	1958-1976	Controle 1958-1963	NE 1958-1976	L 1958-1976	S 1958	S 1958-1976	CO 1958	CO 1958-1976	Brasil 1958	Brasil 1958-1976	1958-1976	1958-1976	1958-1976
Abacate	6,9,3,5.	4	4	13	0	9	Cl,o.	2	8	3	16	5	23	4	22	1	2	15	71
Abacaxi	6,13,9,3.	3	4	4	1	1	Cl,P,o.	0	1	2	4	5	7	6	7	2	2	15	21
Alfafa	9,3.	4	4	5	0	1	Cl,P,m.	2	5	3	5	7	14	11	12	1	1	24	37
Algodão	18,15,9, 1,13,3.	11	17	25	6	14	Cl,P,m.	4	16	18	36	19	51	14	46	1	2	56	151
Amendoim	18,5,9, 13,6.	2	4	14	2	12	Cl,P.	1	3	1	4	4	10	4	20	0	0	10	37
Amora	6,9,3.	1	1	4	0	3	o.	1	1	1	1	3	3	4	4	0	0	9	9
Arroz	9,13,3, 15,17.	7	8	18	1	11	Cl,P,Cb.	3	7	4	9	6	16	13	17	1	1	27	50
Bambu	3.	1	2	2	1	1	Cl.	0	2	1	1	1	3	2	2	0	0	4	8
Banana	9,3,18,15.	1	1	14	0	13	Cl.	1	3	1	7	4	11	2	10	1	0	8	32
Bat.-doce	3,5,9.	0	1	6	1	6	Cl.	0	0	0	0	0	2	2	1	0	0	0	3
Batatinha	15,9,1,3,6, 18,15,13, 5,6,3,9.	6	8	14	2	8	Cl,P.	0	6	2	15	10	37	15	40	1	1	28	100
Cacau	2,6,9,3,1, 10,13,4,11, 5.	1	2	18	1	17	P.	1	5	0	2	2	19	1	10	0	0	4	36
Café	5,15,9,3, 13, 6.	22	31	33	9	11	Cl,P,o.	5	9	8	21	31	51	29	63	4	5	77	149

Pragas, Agrotóxicos e a Crise Ambiente

Cana-de-açúcar	5,9,7.	6	12	21	6	15	Cl,P.	2	11	3	23	10	47	8	35	0	3	23	119
Capins e Pastagens	6,13.	2	4	13	2	11	Cl,P,Cb.	1	6	2	7	1	25	3	12	0	1	7	51
Citros	18,13,15,2,14, 6,9,3,1,11,5.	29	34	56	5	27	P,Cl,o, Cl,P,m.	14	40	31	57	71	129	74	124	0	3	190	353
Crotalária	9,3,13.	2	2	4	0	2	Cl,ClP.	1	2	2	3	5	9	6	6	1	1	15	21
Cucurbitáceas	15,3,9, 13,11,6.	3	4	11	1	8	P, Cl, ClP.	0	7	1	13	6	21	5	22	1	2	13	65
Eucaliptos	9,3,8,12.	3	3	18	0	15	Cl.	2	4	2	6	3	15	3	20	2	4	12	49
Feijão	5,9,3,1, 18,15.	1	1	17	0	16	Cl.	0	7	0	15	1	31	1	26	0	1	2	80
Figo	6,9,3,5.	1	1	15	0	14	Cl.	0	7	1	10	1	27	3	22	0	0	5	66
Fumo	18,13,15,9,3.	4	4	17	0	13	Cl,P,	0	5	3	11	5	34	9	31	0	1	17	82
Goiaba	6,13,9,14,3,11.	8	10	23	2	15	Cl,P,m,Cb, Cl,P,o.	4	10	5	16	21	41	14	32	1	1	45	100
Hortaliças	12,8,18,15,9, 6,3,1,10,16.	8	8	29	0	21	Cl,P,Cb, m.	7	13	10	30	10	58	14	59	2	2	43	162
Jabuticaba	6,3,15,9, 11.	6	6	12	0	6	Cl,P,o.	2	6	1	9	12	20	10	20	0	1	25	56
Jaca	6,9,5,3,11.	1	1	8	0	7	-	1	10	1	13	3	26	2	19	0	0	7	68
Maçã	15,6,9,3, 11.	8	8	24	0	16	Cl,P,o,m.	2	11	1	34	12	47	19	66	1	1	35	149
Mandioca	18,6,3,11,9.	2	2	8	0	6	Cl,Cb.	1	4	1	10	5	16	4	16	0	0	11	46
Manga	6,3,9,11, 1, 5.	2	2	20	0	18	Cl.	1	12	2	24	1	40	2	34	2	3	8	113

Marmelo	6,11,9.	4	4	8	0	4	Cl,P,o.	1	3	0	2	8	18	11	25	0	0	20	48
Milho	9,13.	3	5	9	2	6	Cl,P,Cb,o.	3	8	5	8	5	14	7	13	0	0	20	43
Palmeiras	15,6,9,3.	7	10	16	3	9	Cl,P,o.	7	23	19	40	23	56	12	36	0	2	61	157
Pera	1,3,6,9,11,15.	7	7	15	0	8	m,P,Cl,o.	2	9	1	19	12	38	19	51	0	0	34	117
Pêssego	15,6,1,9, 3,11.	7	7	33	0	26	P.o,Cl.	2	11	1	5	11	16	20	63	0	1	34	146
Tomate	18,3,13,9.	6	6	13	0	7	P.Cl.	1	4	5	14	14	35	15	30	1	2	36	85
Trigo	15,9.	4	6	11	2	7	P,Cl,m.	3	7	5	9	6	17	10	21	0	0	24	54
Uva	15,6,9,3	6	9	22	3	16	Cl.P.o.	2	9	0	6	9	38	13	48	1	2	25	103
Total		193	243	593	50	400		79	295	146	505	352	1065	389	1085	23	47	989	3037

As culturas estão listadas em ordem alfabética. Os tipos de pragas acham-se assim codificados: 1 = ácaros; 2 = aleurodídeos; 3 = besouro; 4 = cigarras; 5 = cigarrinhas; 6 = cochonilhas; 7 = gafanhotos; 8 = grilos; 9 = lagartas; 10 = moluscos; 11 = moscas; 12 = paquinhas; 13 = percevejos; 14 = psilídeos; 15 = pulgões; 16 = tatuzinhos; 17 = tesourinhas; 18 = tripes. Insetos sociais e nematoides não foram considerados. O número de pragas foi determinado em três épocas distintas (1958, 1963 e 1976), de acordo com os dados de Mariconi (1958; 1963; 1976) e Gallo *et al.*, (1970), e os aumentos do número de pragas em duas épocas distintas (1958-1963; 1958-1976). O controle químico refere-se ao período 1958-1976: CI = clorados; CIP = clorofosforados; P = fosforados; Cb = carbamatos; m = minerais, inorgânicos; o = óleos; b = botânicos. A distribuição geográfica por regiões refere-se ao total de referências das diversas pragas nos vários estados, em 1958 e 1976.

Recomendações para o uso dos agrotóxicos no Brasil

1. Evidentemente, o que mais se precisa no Brasil, no momento atual, é de uma legislação moderna sobre produção, comercialização e utilização dos agrotóxicos, tanto nos agroecossistemas quanto fora deles. A legislação ainda em vigor no país foi regulamentada por um decreto de 1934, isto é, antes mesmo do aparecimento no mercado dos produtos organossintéticos. Pelo menos 32 decretos e portarias surgiram após essa data, encontrando-se dispersos, sem serem conhecidos dos técnicos e firmas, e apresentando soluções incompletas e precárias. Segundo o prof. Domingos Gallo, catedrático da Esalq (comunicação pessoal), uma nova legislação já foi redigida sob a supervisão do diretor da Divisão de Defesa Sanitária Vegetal (DDSV) do Departamento Nacional da Produção Vegetal do Ministério da Agricultura, doutor Hélio Teixeira Alves. O teor dessa nova legislação não foi dado ao conhecimento público ainda. Além dessa legislação federal, cada estado deve organizar a sua própria legislação de registro e regulamentação de agrotóxicos a fim de atender a problemas específicos. Muitas informações poderão ser conseguidas da legislação americana (Entomological Society of America, 1976; Mylroie, 1971; National Academy of Sciences, 1969; United States Departments of Agriculture and Health, 1968).[9]

A portaria do Ministério da Agricultura n. 092, de 3 de março de 1970, regulamenta a importação e a comercialização dos produtos mercuriais para a lavoura; a de n. 295, de 23 de agosto de 1971, estabelece limites de concentração para o DDT

---

[9] No Brasil, os agrotóxicos tiveram seu uso regularizado pela Lei n. 7.802, de 11 de julho de 1989 (Lei Federal dos Agrotóxicos), regulamentada pelo Decreto Lei n. 4.074, de 4 de abril de 2002. Antes dela, os estados haviam elaborado leis próprias (ver nota 2, a p. 133.).

e paration; a de n. 356, de 14 de outubro de 1971, proíbe a fabricação e comercialização de agrotóxicos clorados, à base de DDT e BHC, para o combate de ectoparasitos de animais domésticos; a portaria n. 357, de 14 de outubro de 1971, proíbe o uso de inseticidas clorados para pastagens. Há outra portaria ainda que restringe o uso de DDT às culturas do algodão, amendoim, café e soja; outra (n. 428/74) regulamenta sanções contra lavradores que contaminam áreas vizinhas às suas, causando prejuízos às culturas ou rebanhos.

2. Outra medida de grande necessidade é a proibição total do uso do DDT para a agricultura. A portaria que restringe o uso do DDT para as culturas de algodão, amendoim, soja e café não soluciona o problema do impacto desse agrotóxico no ambiente, uma vez que essas quatro culturas perfazem somente 30% da área total cultivada no Brasil (IBGE, 1975).[10]

É também extremamente importante que se pesquise a sensibilidade dos vetores de doenças humanas, principalmente da malária e da doença de Chagas, a substitutos persistentes e biodegradáveis, quando então todo o DDT e o BHC deverão ser proibidos no Brasil para esses fins.

3. Quando o uso de agrotóxicos for absolutamente necessário, dentro das restrições impostas pelas práticas de manejo, produtos organofosforados e carbamatos deverão substituir os organoclorados persistentes e não biodegradáveis.

4. Promover a classificação dos agrotóxicos em "para uso geral" e "para uso restrito", à semelhança do que estipula o Ato

---

[10] Os organoclorados foram proibidos no Brasil pela Portaria do Ministério da Agricultura, Pecuária e Abastecimento n. 329, de 2 de setembro de 1985, exceto para iscas formicidas, cupinicidas e para o controle de vetores de doenças humanas. O banimento do DDT deu-se pela Lei n. 11.936, de 14 de maio de 2009 (ver nota 4, p. 89).

Federal de Controle Ambiente de 1971, em vigor nos Estados Unidos. Agrotóxicos como aldrin, dieldrin, thimet, disyston (todas as formulações líquidas excedendo 10%), bidrin, DDT, endrin, metil paration, paration, fosdrin, fosfamidon, systox, TDE, TEPP, arsenito de sódio, mercuriais etc. (todas as formulações), devem ser colocados como *para uso restrito*, isto porque são perigosos para o homem e capazes de produzir efeitos adversos no ambiente. Tais produtos devem estar sob rigoroso controle governamental, as firmas produtoras ou formuladoras sendo cadastradas e inspecionadas pelo Serviço Nacional de Fiscalização do Ministério da Fazenda ou outros congêneres.

Os produtos de uso restrito somente devem ser aplicados por aplicadores especializados e registrados ou sob a responsabilidade e orientação dos agrônomos regionais e extensionistas, dos engenheiros sanitaristas e dos médicos sanitaristas (conforme o caso).[11]

5. Organizar um manual de instruções sobre a utilização dos produtos de uso restrito, contendo:

a) nomes do produto, princípio ativo, formulações etc.;

b) advertência: *Cuidado – veneno. Mantenha fora do alcance de crianças e de animais domésticos*;

c) usos: lavoura, pecuária etc., com citação das culturas ou animais domésticos para os quais o produto é recomendado pelas secretarias de agricultura de cada estado;

---

[11] A Lei n. 7.802, de 11 de julho de 1989 (Lei Federal dos Agrotóxicos) estabelece a obrigatoriedade da emissão de receita agronômica, emitida por engenheiros agrônomos e engenheiros florestais, para a compra e aplicação de agrotóxicos. Já nos primeiros anos da década de 1980, com base no substitutivo da Comissão de Agricultura e Política Rural da Câmara Federal de Brasília, cursos de Receituário Agronômico passaram a ser oferecidos pelos Conselhos Regionais de Engenharia e Agronomia (Creas).

d) precauções no uso: Segurança pessoal. Exemplo: thimet, *veneno, atua por contato, inalação ou ingestão; é rapidamente absorvido pela pele; repetidas inalações ou contato pela pele poderão, sem exibir sintomas, aumentar a suscetibilidade ao veneno.* A seguir são dadas medidas de precaução na manipulação: *evitar contato com os olhos e a pele e não inalar os vapores; usar roupas especiais* etc. Considerações ambientes. Exemplo: thimet, *tóxico para peixes e animais silvestres. Não contamine lagos, rios, represas ou qualquer água, inclusive aquelas para abastecimento, irrigação e uso para animais domésticos. Se necessário, descartar as sobras despejando-as em um buraco, coberto depois com terra. Pássaros podem ser mortos durante as pulverizações;*
e) instruções para o uso: *Leia sempre a bula. Antes de abrir o produto leia as instruções e avisos mesmo que você julgue saber o suficiente sobre ele. Não use para outros fins que não os estipulados nas recomendações do rótulo. Guarde o produto com segurança* (informar como se deve armazenar). *Descarte dos recipientes* (informar como se deve descartar adequadamente). Primeiros-socorros: informar os sintomas de intoxicação e as medidas que devem ser tomadas. Regulamentação para uso de acordo com a lei: *Avisar todos os ocupantes da área a ser tratada. Proteger as abelhas, fazendo as aplicações quando estes insetos não estiverem polinizando as plantas* (indicar as melhores horas etc.).

Tais manuais devem ser mantidos à disposição dos técnicos encarregados de proceder ou orientar as aplicações desses produtos em cada estado, como também das escolas que formam profissionais relacionados ao assunto. Os manuais devem ser atualizados a cada ano, principalmente no que se refere às recomendações de uso, ao cancelamento de produtos etc.

6. Definir claramente na legislação federal e nas estaduais quais as atribuições de cada órgão ministerial ou secretarial com

relação ao registro dos agrotóxicos, para evitar que produtos indesejáveis para certos setores sejam aprovados por outros setores. O seguinte cronograma é sugerido: todo agrotóxico de uso agrícola, pecuário, doméstico ou de saúde pública deve ser registrado primeiramente no Ministério da Agricultura (por um órgão do tipo da Divisão de Defesa Sanitária). As normas para o procedimento do registro devem constar na legislação federal. Se o produto indicado pela firma fabricante não é para uso em culturas alimentícias ou para a pecuária, o Ministério da Agricultura, após julgá-lo seguro e eficiente, encaminha o pedido de registro para a Secretaria Especial do Meio Ambiente (Sema), do Ministério do Interior, e para um órgão de saúde pública (semelhante ao Serviço Nacional de Fiscalização, do Ministério da Fazenda), ligado ao Ministério da Saúde. Havendo ou não aprovação por esses dois órgãos ministeriais, os pareceres são encaminhados de volta ao Ministério da Agricultura, que se encarrega de comunicar à firma registrante a decisão sobre o registro, concedendo ou não a licença.

Para os produtos de uso em culturas alimentícias e na pecuária, as firmas devem submeter o produto ao Ministério da Agricultura, que se encarregará de opinar sobre a utilização agropecuária dos produtos, o método analítico e os dados do resíduo. Encaminha depois o pedido ao Ministério da Saúde, que, por sua vez, opina sobre a segurança dos produtos, o método analítico e os dados do resíduo. Após o parecer desse ministério, o pedido de registro volta ao Ministério da Agricultura para a análise da utilidade agronômica do produto; se este é julgado útil ao nível de tolerância sugerido pelo Ministério da Saúde, o pedido é reencaminhado ao Ministério da Saúde que procederá a ensaios (quando necessários) para observação de resíduos, metabolismo e toxicidade. Havendo aprovação também do Ministério da Saúde, o Ministério da Agricultura registra o produto e concede a licença, que deverá ser renovada a cada cinco anos.[12]

Com crescimento da Sema, o registro e a fiscalização dos agrotóxicos no Brasil poderiam passar à alçada dessa Secretaria, reunindo, assim, os vários grupos dos diferentes ministérios, tal qual ocorreu nos Estados Unidos, em 1971, com a criação da Agência de Proteção Ambiente (APA). O registro dos agrotóxicos sob lei federal fornece a base para o registro sob leis estaduais.

7. A fiscalização do uso dos agrotóxicos poderia ser feita, em âmbito federal, pelo Serviço Nacional de Fiscalização do Ministério da Fazenda e, em âmbito estadual, pelas secretarias de agricultura e de saúde. Para garantir o uso seguro dos agrotóxicos e a obtenção de informações sobre as necessidades e os problemas regionais de cada estado, deve-se indicar especialistas como coordenadores para as mais importantes áreas agrícolas ou de saúde pública, nos vários estados.

8. A monitoria e a verificação dos índices de poluição por resíduos de agrotóxicos no ar, águas, solos e cadeias biológicas são atribuídas a Sema e aos órgãos regionais estaduais do tipo da Companhia Ambiental do Estado de São Paulo (Cetesb). Os resíduos em alimentos devem ser verificados por laboratórios de toxicologia estabelecidos em diversas regiões da cada estado, que se encarregarão de proceder a amostragens estatísticas periódicas

---

[12] O registro de agrotóxicos no Brasil passa, atualmente, pela avaliação de três órgãos governamentais federais: Ministério da Agricultura, Pecuária e Abastecimento (Mapa), Instituto Brasileiro do Meio Ambiente e dos Recursos Naturais Renováveis (Ibama), do Ministério do Meio Ambiente, e Agência Nacional de Vigilância Sanitária (Anvisa), do Ministério da Saúde. Cada um deles avalia o agrotóxico segundo a sua atribuição, independentemente um do outro.

(tal como se faz no Instituto Biológico de São Paulo, para produtos de exportação).

9. Disciplinar a comercialização dos agrotóxicos, tirando-a das mãos dos leigos e colocando-a obrigatoriamente nas mãos de indivíduos ou firmas especializadas no assunto. Somente firmas credenciadas e que satisfaçam as condições para a venda e orientação adequada dos consumidores devem ser autorizadas a funcionar pelo Serviço Nacional de Fiscalização.

10. Toda a vigilância deve ser posta nos serviços de quarentena para evitar importações indesejáveis de animais, plantas e patógenos, que nas condições tropicais e subtropicais são os agentes que realmente causam problemas e requerem agrotóxicos.

11. Educar para o uso racional dos agrotóxicos. Uma campanha para atender a essa exigência torna-se urgente, devendo iniciar-se nas universidades. Nenhuma universidade ou faculdade isolada do Brasil deve contratar especialistas em controle de pragas ou doenças que não tenham formação ecológica.

Todos os cursos ou disciplinas que tratam desse assunto devem obrigatoriamente incluir itens sobre manejo integrado de pragas e doenças, e sobre o impacto ecológico dos agrotóxicos nos ambientes físico e biológico. Nenhum engenheiro agrônomo, médico e engenheiro sanitarista deve sair de qualquer universidade brasileira sem o perfeito conhecimento do uso racional dos agrotóxicos e das implicações ecológicas e biológicas do seu mau uso. As casas de agricultura precisam dar orientação prática de manejo integrado e do uso racional dos agrotóxicos aos agricultores, oferecendo-lhes gratuitamente boletins que trazem todos os detalhes sobre o assunto. Os meios de divulgação de massa devem ser acionados para orientar sobre o uso dos agrotóxicos domésticos. As legislações devem ser suficientemente rígidas para impedir propagandas que mostrem usos inadequados ou promessas irreais dos produtos anunciados.

12. Incentivar e prover fundos para projetos de manejo integrado de pragas e doenças, envolvendo variedades resistentes e tolerantes, controle biológico, controle cultural, controles físico e mecânico, controle genérico, antimetabólitos, hormônios e feromônios, substâncias atraentes e repelentes, esterilização etc., a fim de reduzir o volume dos agrotóxicos usados no Brasil.[13]

Incentivar pesquisas ecológicas sobre a natureza, extensão e significado do impacto dos agrotóxicos nos ecossistemas, incluindo: a) significado ecológico em longo prazo; b) efeitos em longo prazo de doses subletais de agrotóxicos, que atualmente não são manifestos; c) efeitos imediatos sobre o homem, animais e plantas; d) movimentação dos resíduos nos ambientes físico e biológico.

Encorajar, também, pesquisas sobre a origem e a natureza das pragas, que servirão para orientar os programas de manejo; estudos populacionais e definição dos fatores codeterminantes de abundância para as diferentes pragas, os quais, associados a fatores econômicos, servirão para o estabelecimento dos níveis de dano para cada praga, em cada cultura e em cada região; organização de modelos matemáticos de interações predador-presa para programas de controle biológico etc.

Alguns dos itens incluídos nessas recomendações são verdadeiros desafios às gerações presentes e futuras de entomologistas,

---

[13] Através da Ação Programa de Agricultura, o Conselho Nacional de Desenvolvimento Científico e Tecnológico (CNPq), de que fiz parte, estabeleceu como prioritário para a concessão de financiamento de projetos de pesquisa em todo o Brasil, no período de 1980-1985, o manejo integrado de pragas. Atualmente, quase todas as culturas agrícolas, hortícolas e florestais no Brasil têm programas de manejo integrado (MIP) para as principais pragas, visando à redução do uso de agrotóxicos: soja, algodão, cana-de-açúcar, milho, café, laranja, hortaliças, frutíferas, eucalipto, pinus etc.

acarologistas, fitopatologistas, sanitaristas e outros técnicos no Brasil; a sua aplicabilidade depende do entendimento por todos de que não é apenas de mais alimentos que precisamos hoje em dia, mas também, e principalmente, de manter a qualidade da vida e a própria vida sobre o planeta Terra. As soluções já existem diante dos nossos olhos; o que temos de fazer então é usá-las, e usá-las racionalmente. Da maneira como aceitamos esses desafios, hoje, dependerá o futuro das gerações que virão depois.

REFERÊNCIAS BIBLIOGRÁFICAS

AGÊNCIA NACIONAL DE VIGILÂNCIA SANITÁRIA. ANVISA. Programa de Análise de Resíduos de Agrotóxicos em alimentos (Para). Relatório de Atividades de 2011 e 2012. Anvisa, Brasília, out. 2013.
ALEXANDER, M. Microbial degradation of pesticide. *In*: MATSUMURA, F.; BOUSH, G. M.; MISATO, T. (Ed.) *Environmental toxicology of pesticides*. New York: Academic Press, 1972, p. 365-382.
ALY, O. M.; EL-DIB, M. A. Photodecomposition of same carbamate insecticide in aquatic environments. *In*: *Organic compounds in aquatic environment*, 1972, p. 469-493.
ANDREWARTHA, H. G.; BIRCH, L. C. *The distribution and abundance of animals*. Chicago: University of Chicago Press, 1954, 782 p.
ARRIFANO, G. P. F. Metilmercúrio e mercúrio inorgânico em peixes comercializados no mercado municipal de Itaituba (Tapajós) e no mercado do Ver o Peso (Belém). Universidade Federal do Pará. Dissertação de mestrado. 2011.
BELCHIOR, D. C.; SARAIVA, A. S.; LOPEZ, A. M. C.; SCHEIDT, G. N. Impactos de agrotóxicos sobre o meio ambiente e a saúde humana. *Caderno de Ciência e Tecnologia*. Brasília, v. 34, n. 1, 135-151, 2014.
BENARDE, M. A. *Our precarious habitat*. New York: W. W. Norton, 1973. 448 p.
BOMBARDI, Larissa Mies. *Geografia do uso de agrotóxicos no Brasil e conexões com a União Europeia*. São Paulo: Laboratório de Geografia Agrária/FFLCH/USP, 1997.
BORGSTRON, G. *The hungry planet*. New York: Macmillan, 1965.
BORMANN, F. H.; LIKENS, G. E. The ecosystem concept and the rational management of natural resources. *Yale Scientific Magazine*, n. 45, p. 2-8, 1978.
BOUGHEY, A. S. *Man and the environment*. An introduction to human ecology and evolution. New York: Macmillan, 1971, 472 p.

BOZA-BARDUCCI, T. *Experiências sobre el empleo del control biológico y de los métodos de control integrado de las plagas del algodonero en el Valle de Cañete*, Peru, 1975, 25 p., mimeo.
BROOKS, G. T. Pesticides in Britain. *In*: MATSUMURA, F.; BOUSH, G. M.; MISATO, T. Ed. *Environmental toxicology of pesticides*. New York: Academic Press, 1972, p. 61-114.
BROWN, A. W. A. Insecticide resistance comes of age. *Bulletin Entomological Society of America*, n. 14, p. 3-9, 1968.
BUNTING, A. H. Ecology of agriculture in the world of today and tomorrow. *In*: *Pest control*: strategies for the future. Washington: NAS, 1970, p. 18-35.
BUTLER, P. A. The sub-lethal effects of pesticide pollution. *In*: GILLETT, J. W. (Ed.). *The biological impact of pesticides in the environment*. The Oregon State University Press, 1970, p. 87-89.
CARSON, R. *Silent spring*. Boston: Houghton Miffin, 1962; *Primavera silenciosa*. São Paulo: Melhoramentos, 1969.
CHABOUSSOU, F. *Plantas doentes pelo uso de agrotóxicos*. São Paulo: Expressão Popular, 2012. 320 p.
CLARK, L. R.; GEIER, P. W.; HUGHES, R. D.; MORRIS. R. F. *The ecology of insect populations in theory and practice*. London: Methuen, 1970. 232 p.
COLINVAUX, P. A. *Introduction to ecology*. New York: John Wiley & Sons, 1973. 621 p.
DEBACH, P. *Biological control by natural enemies*. London: Cambridge University Press, 1974. 323 p.
DIANESE, J. C.; PIGATI P.; KITAYAMA, K. Resíduos de inseticidas clorados no lago Paranoá de Brasília. *O Biológico*, v. 42, n. 7-8, p. 151-155, 1977.
DORF, E. 1959. Climatic changes of the past and present. *In*: BRESLER, J. B. (Ed.). *Human ecology. Collected readings*. Massachusetts: Addison-Wesley, 1966. 472 p.
DURHAN, W. F. Benefits of pesticides in public health programs. *In*: GILLETT, J. W. (Ed.). *The biological impact of pesticides in the environment*. The Oregon State University Press, 1970, p. 153-155.
EBLING, E. Analysis of the basic process involved in the deposition, degradation, persistence and effectiveness of pesticides. *Residues Review*, n. 3, p. 35-164, 1962.
EDWARDS, C. A. Insecticide residues in soils. *Residues Review*, n. 13, p. 83-132, 1966.
EDWARDS, C. A.; DENNIS, E. B.; EMPSON, D. W. Pesticides and the soil fauna: effects of aldrin and DDT in an arable field. *Annals of Applied Biology*, 60, p. 11-22, 1967.
EHRLICH, P. R.; BIRCH, L. C. The balance of nature and population control. *American Naturalist*, n. 101, p. 97-107, 1967.
EHRLICH, P. R.; EHRLICH, A. H. *Population, resources, environment*. Issues in human ecology. San Francisco: W. H. Freeman, 1972. 509 p.

ELTON, C. S. *The ecology of invasions by animals and plants*. London: Methuen, 1958. 181 p.
ENTOMOLOGICAL SOCIETY OF AMERICA. *Pesticides handbook-Entoma*. 26 ed., 1976. 290 p.
FERGUSON, D. E. The effects of pesticides on fish: changing patterns of speciation and distribution. *In*: GILLETT, J. W. (Ed.). *The biological impact of pesticides in the environment*. The Oregon State University Press, 1970, p. 87-89.
FOOD AND AGRICULTURE ORGANIZATION (FAO). *Report of the third session of the FAO panel of experts on integrated pest control*. Rome, 1971, p. 1-37.
FREED, V. H. 1970. Global distribution of pesticides. *In*: GILLETT, J. W. (Ed.). *The biological impact of pesticides in the environment*. The Oregon State University Press, 1970, p. 1-10.
GADGIL, M.; SOLBRIG, O. T. The concept of r and k selection: evidence from wild flowers and some theoretical considerations. *American Naturalist*, n. 106, p. 14-31, 1972.
GALLO, D.; NAKANO, O.; WIENDL, F. M.; NETO, S. S.; CARVALHO, R. P. L. *Manual de Entomologia*. Pragas das plantas e seu controle. São Paulo: Ceres, 1970. 858 p.
GEIR, P. W. Conditions of management of two orchard pests, one exotic and the other native to south eastern Australia. *Proc. Int. Congr. Ent.* London, 598, 1965.
GELMINI, G. A. *Agrotóxicos. Legislação básica*. Campinas: Cargill, v. 1, 1991. 397 p.
GEORGHIOU, G. P. (Ed.). *Pest resistance to pesticides*. Springer, 1983.
GIANNOTTI, O.; ORLANDO, A.; PUZZI, D.; CAVALCANTE, R. D.; MELLO, E. J. R. Noções básicas sobre praguicidas – generalidades e recomendações de uso na agricultura do Estado de São Paulo. *O Biológico*, v. 38, n. 8-9, p. 223-339, 1972.
GLASS, E. H. (Coord.). Integrated pest management: rationale, potential, needs and implementation. *Entomological Society of America*, n. 75, p. 2, 141 p., 1975.
GOMES, J. G. *Guia dos defensivos da lavoura*. 2. ed. Ministério da Agricultura, 1966. 179 p.
_____. 1968. *Guia dos defensivos da lavoura* (Suplemento 1966-1967). 94 p.
_____. 1973. *Guia dos defensivos da lavoura* (Suplemento 1968-1971). 123 p.
GOODLAND, R.; IRWIN, H. *A selva amazônica*: do inferno verde ao deserto vermelho? USP: Editora da Universidade de São Paulo, 1975. 156 p.
HAIRSTON, N. G.; SMITH, F. E.; SLOBODKIN, L. B. Community structure, population control and competition. *American Naturalist*, n. 94, p. 421-425, 1960.
HARDIN, G. *Exploring new ethics for survival*. The voyage of the spaceship Beagle. Baltimore: Penguin Books, 1972. 273 p.
HEADLEY, J. C. Defining the economic threshold. *In*: *Pest control*, p. 100-108.
HIGLEY, L. G; PEDIGO, L. P. Economic injury level concepts and their use in sustaining environmental quality. *Agriculture, Ecosystems & Environment*. Elsevier, v. 46, p. 233-243. 1993.

HODGES, L. *Environmental pollution*. A survey emphasizing physical and chemical principles. New York: Holt, Rinehart and Winston, 1973. 370 p.

HUFFAKER, C. B. (Ed.). *Biological control*. New York: Plenum Press, 1971. 511 p.

HUNT, E. G. 1960. Inimical effects on wild life of periodic DDD applications to Clear Lake. *In*: G. W. CO. (Ed.). *Readings in conservation ecology*, 1969. New York: Appleton-Century-Crofts, 1969, p. 344-360.

HUNT, E. G.; LINN, J. D. Fish kills by pesticides. *In*: GILLETT, J. W. (Ed.). *The biological impact of pesticides in the environment*. The Oregon State University Press, 1970, p. 97-192.

HURTIG, H. Long distance transport of pesticides. *In*: MATSUMURA, F.; BOUSH, G. M.; MISATO, T. (Ed.). *Environmental toxicology of pesticides*. New York: Academic Press, 1972, p. 257-280.

INSTITUTO BRASILEIRO DE GEOGRAFIA E ESTATÍSTICA (IBGE). *Anuário estatístico do Brasil*. 1955, 1956, 1975.

INSTITUTO BRASILEIRO DO MEIO AMBIENTE E DOS RECURSOS NATURAIS RENOVÁVEIS. IBAMA. *Relatório de comercialização de agrotóxicos*. Ministério do Meio Ambiente. Ibama, 2019.

INSTITUTO DE DEFESA AGROPECUÁRIA DE MATO GROSSO. INDEA. *Relatório de consumo de agrotóxicos em Mato Grosso*, 2005 a 2010. Banco eletrônico. Cuiabá: Indea–MT, 2011.

ISHIKURA, H. Impact of pesticide in the Japanese environment. *In*: MATSUMURA, F.; BOUSH, G. M.; MISATO, T. (Ed.). *Environmental toxicology of pesticides*. New York: Academic Press, 1972, p. 1-32.

KEITH, J. O. Variations in the biological vulnerability of birds to insecticides. *In*: GILLETT, J. W. (Ed.). *The biological impact of pesticides in the environment*. The Oregon State University Press, 1970, p. 36-39.

KENAGA, E. E. Factors related to bioconcentration of pesticides. *In*: MATSUMURA, F.; BOUSH, G. M.; MISATO, T. (Ed.). *Environmental toxicology of pesticides*. New York: Academic Press, 1972, p. 193- 228.

KOLOYANOVA-SIMEONOVA, F.; FOURNIER, E. *Les pesticides et l'homme*. Paris: Masson, 1971.

LACK, D. L. *The natural regulation of animal numbers*. New York: Oxford University Press, 1954. 343 p.

LIKENS, G. E.; BORMANN, F. H. Nutrient cycling in ecosystems. *In*: WIENS, J. A. (Ed.). *Ecosystem structure and function*. The Oregon State University Press, 1972, p. 25-67.

MacARTHUR, R. H. Fluctuations of animal populations, and a measure of community stability. *Ecology*, n. 36, p. 533-536, 1955.

MACEK, K. J. Biological magnification of pesticides residues in food chains. *In*: GILLETT, J. W. (Ed.). *The biological impact of pesticides in the environment*. The Oregon State University Press, 1970, p. 17-21.

MARCÃO, L. Avaliação da presença de agrotóxicos em produtos derivados de leite. Universidade de São Paulo. Escola de Engenharia de Lorena. Engenharia Química, Lorena, 2015.
MARICONI, F. A. M. *Inseticidas e seu emprego no combate às pragas*. 1ª ed., S. Paulo: Ceres, 1958. 434 p.
_____. 2ª ed., 1963. 607 p.
_____. São Paulo: Livraria Nobel, 1976, t. 2. 466 p.
MARKS, P. L.; BORMANN, F. H. Revegetation following forest cutting: mechanisms for return to steady-state nutrient cycling. *Science*, n. 176, p. 914-915, 1972.
MATSUMURA, F. Current pesticide situation in the United States. *In*: MATSUMURA, F.; BOUSH, G. M.; MISATO, T. (Ed.). *Environmental toxicology of pesticides*. New York: Academic Press, 1972, p. 33-60.
MAYR, E. *Principles of systematic zoology*. New York: McGraw-Hill, 1969. 428 p.
McKELVEY Jr., J. J. Pest control in health and agriculture: international challenges. *In*: *Pest control*, p. 7-17.
MENZEL, D. W. Marine phytoplankton vary in their response to chlorinated hydrocarbons. *Science*, 167, p. 1.724-1.726, 1970.
METCALF, R. L. Development of selective and biodegradable pesticides. *In*: *Pest control*, p. 137-156.
MILLER, J. T. *Sustaining the earth*: an integrated approach. California: Imprint Belmont, 2004. 386 p.
MINISTÉRIO DA SAÚDE. Siságua: Sistema de Informação de Vigilância da Qualidade da Água para Consumo Humano, 2017.
MITCHELL, L. E. Pesticides: properties and prognosis. *In*: *Organic pesticides in the environment*. American Chemical Society, 1966, p. 163-176.
MOREIRA, J. C.; PERES, F.; SIMÕES, A. C.; PIGNATI, W. A.; DORES, E. C.; VIEIRA, S. N.; STRUSSMANN, C.; MOTT, T. Contaminação de águas superficiais e de chuva por agrotóxicos em uma região de Mato Grosso. *Ciência e Saúde Coletiva*. Rio de Janeiro, v. 17, n. 6, 2012.
MOREIRA, M. D; PICANÇO, M.; SILVA, E. M.; MORENO, S. C.; MARTINS, J. C. *Uso de inseticidas botânicos no controle de pragas*. Univ. Fed. Viçosa. 2007.
MUCKENFUSS, A. E.; SHEPARD, B. M.; FERRER, E. R. Natural mortality of diamond Black moth in costal South Caroline. Clenson University. Costal Research and Education Center, 2018.
MUIR, P. S. Oregon State University: BI301: Human impacts on ecosystems. 2014.
MURDOCH, W. W. Community structure, population control and competition – a critique. *American Naturalist*, 100, p. 219-226, 1966.
MYLROIE, G. R. *California environmental law*. A guide. Claremont: Center for California Public Affairs, 1971. 171 p.
NAKAMURA, M.; KONDO, M.; ITÔ, Y.; MIGASHITA, K.; NAKAMURA, K. Population dynamics of the chestnut gall-wasp Dryocosmus kuriphilus

Yasumatsu (Hymenoptera Cynipidae). I. Description of the survey stations and the life histories of the gall-wasp and its parasites. *Japanese Journal of Applied Entomology and Zoology*, 8, p. 149-158, 1964.

NATIONAL ACADEMY OF SCIENCES. Insect-pest management and control. *In*: *Principles of plant and animal pest control.* Washington, D.C.: NAS, 1969, v. 3. 508 p. (publication n. 1.695).

NEWSON, L. D. Consequences of insecticide use on nontarget organisms. *Annual Review of Entomology*, 12, p. 257-386, 1967.

NICHOLSON, A. J. An outline of the dynamics of animal populations. *Australian Journal of Zoology*, 2, p. 9-65, 1954.

OHIO DEPARTMENT OF AGRICULTURE. *Ohio pesticide use and applicator law*, 1970, p. 1-7.

OLIVEIRA, C. M; AUAD, A. M.; MENDES, S. M.; FRIZZAS, M. R. Economic impact of exotic insect pests in Brazilian agriculture. *J. Appl. Entomol.* n. 137, p. 1-15, 2012.

ONU. United Nations Organization. Report submitted by the Special Rapporteur on the right to food, Olivier De Schutter. General Assembly, 2010.

ORTEGA, P. Tissue changes induced by DDT and dieldrin. *In*: GILLETT, J. W. (Ed.). *The biological impact of pesticides in the environment*. The Oregon State University Press, 1970, p. 111-113.

PALMA, D. C. A. Agrotóxicos em leite humano de mães residentes em Lucas do Rio Verde – MT. 2011. 103 f. Dissertação (Mestrado) – Curso de Saúde Coletiva, Universidade Federal de Mato Grosso, Cuiabá, 2011.

PASCHOAL, A. D. A instabilidade dos agroecossistemas. *Ciência Hoje*, v. 5, n. 28, p. 42-43, 1987.

PASCHOAL, A. D. *Alimentos orgânicos*. Parte 1: São saudáveis os alimentos da agricultura industrial? Piracicaba, Adae. 2012.

PASCHOAL, A. D. Biocidas – Morte a curto e a longo prazo. O ônus da agricultura industrial. *Rev. Bras. Tecn., Brasília*, v. 14, n. 1, p. 17-40, jan./fev. 1983.

PASCHOAL, A. D. *Pesticides in the environment.* The Ohio State University, Dept. of Entomology, 1970, mimeo.

_____. *Design of perfect pesticides*. The Ohio State University, 1973. Mimeo.

_____. *Os sete degraus de Sete Quedas*: análise ecológica da hidrelétrica de Itaipu, 1976. (não publ.)

_____. Ecologia de populações e manejo integrado de pragas: estratégias para o presente e futuro. Brasília, XXII Congresso Brasileiro de Genética e XXVIII Reunião da SBPC, 1976.

PASCHOAL, A. D. Polinizadores, aquecimento global e agrotóxicos. *Valor Econômico*, 469, fev. 2019.

PASCHOAL, A. D. *Produção orgânica de alimentos*: Agricultura sustentável para os séculos XX e XXI. 1994, 191 p.

PENMAM, D. R; CHAPMAN, R. B. Pesticide-induced mite outbreaks: pyrethroids and spider mites. *Experimental and Applied Acarology*, v. 4, n. 3, p. 265-276, 1988.
PETERLE, T. J. Translocation of pesticides in the environment. *In*: GILLETT, J. W. (Ed.). *The biological impact of pesticides in the environment*. The Oregon State University Press, 1970, p. 11-16.
PIGNATI, W; MACHADO, J. M. H; CABRAL, J. F. Acidente rural ampliado: o caso das "chuvas"de agrotóxicos sobre a cidade de Lucas do Rio Verde, MT. *Ciência e Saúde Coletiva*. Rio de Janeiro, v. 12, n. 1, 2007.
PINHEIRO, S.; NASR, N. Y.; LUZ, D. *A Agricultura Ecológica e a máfia dos agrotóxicos no Brasil*. Porto Alegre: Edição dos autores, Fundação Junquira, 1993, 355 p.
REID, K.; LAUWERYS, J. A.; JOFFE, J.; TUCKER, A. *Man, nature and ecology*. New York: Doubleday, 1974. 419 p.
REVZIN, A. M. Some acute and chronic effects of endrin on the brains of pigeons and monkeys. *In*: GILLETT, J. W. (Ed.). *The biological impact of pesticides in the environment*. The Oregon State University Press, 1970, p. 134-141.
RICKLEFS, R. E. *Ecology*. Massachusetts: Chiron Press, 1973. 861 p.
RIPPER, W. E. Effect of pesticides on balance of arthropod populations. *Annual Review of Entomology*, n. 1, p. 403-438, 1956.
RISEBROUGH, R. W.; DAVIS, J.; ANDERSON, D. W. Effects of various chlorinated hydrocarbons. *In*: GILLETT, J. W. (Ed.). *The biological impact of pesticides in the environment*. The Oregon State University Press, 1970, p. 40-53.
ROBINSON, J. Pharmacodynamics of dieldrin in bird. *In*: GILLETT, J. W. (Ed.). *The biological impact of pesticides in the environment*. The Oregon State University Press, 1970, p. 54-58.
ROSEN, A. A. Photodecomposition of organic pesticides*, in: Organic compounds in aquatic environment*, 1972. p. 425-438.
ROSER, M; RITCHIE, H. Fertilizer and pesticides empirical view. Our world in Data. 2013.
RUDD, R. L. *Pesticides and the living landscape*. Madison University of Wisconsin Press, 1964.
RUPPERT, E. E.; BARNES, R. D. *Zoologia dos invertebrados*. 6ª ed. São Paulo: Roca. 1996. 1028 p.
SANDERS, H. L. Marine benthic diversity: a comparative study. *American Naturalist*, n. 102, p. 243-282, 1968.
SANTOS, M. A. T.; AREAS, M. A.; REYES, F. G. R. Piretroides – uma visão geral. *Alimentos e Nutrição*, Araraquara, v. 18, n. 3, p. 339-349, 2007.
SISAGUA. Sistema de Informação de Vigilância da Qualidade da Água para Consumo Humano. Ministério da Saúde, 2017.
SLOBODKIN, L. B.; SMITH, F. E.; HAIRSTON, N. G. Regulation in terrestrial ecosystems, and the implied balance of nature. *American Naturalist*, n. 101, p. 109-124, 1967.

_____ & SANDERS, H. I. On the contribution of environmental predictability to species diversity. *In*: Diversity and stability in ecological systems. *Brookhaven Symposium in Biology*, n. 22, p. 82-95, 1969.
SMITH, R. F.; VAN DEN BOSCH. Integrated control. *In*: KILGORE, W. W.; DOUTT, R. L. (Ed.). *Pest control – biological, physical and selected chemical methods*. New York: Academic Press, 1967. 477 p.
SÓZA-GOMEZ, D. R. *et alli*. Timeline and geographical distribution of Helicoverpa armigera (Lepidoptera, Noctuidae) in Brazil. *Rev. Bras. Entom.*, v. 60, n. 1, jan./março 2016.
STICKEL, L. F.; RHODES, L. l. The thin eggshell problem. *In*: GILLETT, J. W. (Ed.). *The biological impact of pesticides in the environment*. The Oregon State University Press, 1970, p. 31-35.
SWIFT, J. E. Unexpected effects of substitute pest control methods. *In*: GILLETT, J. W. (Ed.). *The biological impact of pesticides in the environment*. The Oregon State University Press, 1970, p. 156-160, 1970.
TATSUKAWA, R., WAKIMOTO, T.; OGAWA, T. BHC residues in the environment. *In*: MATSUMURA, F.; BOUSH, G. M.; MISATO, T. (Ed.). *Environmental toxicology of pesticides*. New York: Academic Press, 1972, p. 229-238.
TEODORO, A. V.; RODRIGUES, J. C. V.; SILVA, J. F.; NAVIA, D.; SILVA, S. S. Ácaro-vermelho-das-palmeiras, *Raioella Indica*: nova praga de coqueiro no Brasil. Embrapa Documentos, 210. Aracaju, SE. 2016.
TILMAN, D.; CASSMAN, K. G.; MATSON, P. A.; POLANSKI, S. Agricultural sustainability and intensive production practices. *Nature*, 418, 671-677, 2002.
United States Departments of Agriculture and Health, Education and Welfare. The regulation of pesticides in the United States. *NAC News and Pesticide Review*, 1968.
VAN DEN BOSH, R.; MESSENGER, P. S. *Biological control*. New York: Intext Educational Publishers, 1973. 180 p.
VAN MIDDLEN, C. H. Fate and persistence of organic pesticides in the environment. *In*: Organic pesticides... p. 228-249.
VAVILOV, N. I. *The origin, variation, immunity and breeding of cultivated plants*. New York: The Ronald Press, 1951.
WALDBOTT, G. L. *Health effects of environmental pollutants*. Saint Louis, C. V. Mosby, 1973. 316 p.
WALKER, K. 1970. Benefits of pesticides in food production. *In*: GILLETT, J. W. (Ed.). *The biological impact of pesticides in the environment*. The Oregon State University Press, 1970, p. 149-152.
WALLWORK, J. A. *Ecology of soil animals*. London: McGrawHill, 1970. 283 p.
WESTLAKE, W. E.; GUNTHER, F. A. Occurrence and mode of introduction of pesticides in the environment. *In*: Organic pesticides... p. 110-121.
WILSIE, C. P. *Crop adaptation and distribution*. San Francisco: Freeman, 1962. 448 p.
WILSON, E. O. *The theory of island biogeography*. Princeton, N. J.: Princeton University Press, 1967. 203 p.

WILSON, E. O.; BOSSERL, W. H. *A primer of population biology.* Connecticut: Sinauer, 1971. 192 p.

WOOD, B. J. Development of integrated control programs for pests of tropical perennial crops in Malaysia. AAAS Symposium on Biological Control. Boston, Huffaker, C. B. (Ed.). New York: Plenum Press, 1971.

WOODWELL, G. M. 1967. Toxic substances and ecological cycles. *In*: LOVE, G. A.; LOVE, R. H. (Ed.). *Ecological crises: reading for survival.* New York: Harcourt Brace Jovanovich, 1970, p. 47-56.

WOOLLEY, D. E. 1970. Effects of DDT on the nervous system of the rat. *In*: GILLETT, J. W. (Ed.). *The biological impact of pesticides in the environment.* The Oregon State University Press, 1970, p. 114-124.

WORLD HEALTH ORGANIZATION (WHO). *International Standards for drinking-water.* 3. ed. Geneva, 1971.

_____. *Health hazards of the human environment.* Geneva, 1973. 387 p.